因為員工心思太複雜

管理心理學

反彈效應✕商業炒作✕善待對手
想在商場叱吒風雲，身為經理人的你不可不知！

搞懂六大管理學技巧，帶人不用再煩惱。

周成功，黃家銘 著

想要好好管理公司，得先好好管理人心！

管理，是一門藝術，更是一門科學。
每一位優秀、成功的企業家，都應該是業餘的心理學家。
就算經濟不景氣，你也是高階經理人中的MVP！

崧燁文化

U0078454

目錄

3

目錄 ——————————————————————

第五章　交際心理 —— 打造企業「心」能力

第六章
心理保健 —— 身心健康是正確決策、良好工作的基礎

目錄 ——————————————————————————

前言

曾經有位企業家說過：「經營公司就是經營人。人才是利潤最高的商品，能夠經營好人才的企業才是最終的贏家。而經營人才，最重要的一點就是經營人心。」

縱觀現代商海，時常會出現這樣的例子：一些能力過人的管理者，其團隊的工作業績卻不突出。究其原因，還是由於人才管理等方面出現了漏洞。對於一個優秀的管理者來說，自身的才華決定了創業時市場的定位和走向，而富有成效的管理能力，才是企業擴展強盛的根本條件。

的確，要做一個優秀的管理者並不是一件簡單的事情。作為一個企業的管理者，要知道管理的最高境界，就是管「心」。可以說，每一位優秀、成功的管理者，都應該精通管理心理學，更應當是一個管理心理學家，能把心理學運用到企業管理中去。只有如此，企業的組織、溝通、運作等才能有機的結合起來，使企業各個階層凝聚成為一支強而有力的團隊。

作為管理者，如果能夠精通管理心理學，將管理心理學知識融會貫通，使之服務於工作、生活，那您的團隊將在這個弱肉強食的社會中成為無往不利的強者！我們可以列出這樣一個遞進的關係：了解人的心理 —— 駕馭人的心理 —— 支配人 —— 支配世界。

本書的撰寫，即是希望管理者可以掌握及運用管理心理學的知識，透過尊重人、關心人、激勵人、改善人際關係等方法，充分發揮人的積極性，從而更進一步了解員工的個性差異，使工作有目標和期望，進而提高企業的管理效率。此外，本書還將心理學與現代商務交流等諸方面相結合，用心理學來幫助解決商務活動中可能遇到的各種難題，因此具有很強的實用性，能幫助企業經營、發展邁向更高的階段。

前言 ————————————————————————————

第一章

偏差心理 —— 認清別人前先認清自己

　　「每一位優秀、成功的企業家，都應該是業餘的心理學家。」一個懂得心理學的管理者，應該在認清別人之前先要正確認識自己，主動進行自我心理的調適和完善，以便在掌權用權的過程中始終保持清醒的頭腦，時刻警惕並避免產生偏差心理。

一、嫉妒心理：企業發展的絆腳石

自古以來，就有「功高震主」這一說，即臣子功勞甚大，名望超過了君主。歷史上，「功高震主」的臣子，大都難逃殺身之禍。原因很簡單，君主嫉妒了。在當今社會，此類事情亦是屢見不鮮，只不過君主換了個稱謂改叫老闆，臣子也換了個稱謂改叫員工。至於「功高震主」的後果，老闆肯定不會將員工拖出去殺頭，但冷落、排擠乃至炒掉員工還是大有可能的。究其原因是老闆的嫉妒心理在作怪。這對於企業管理來說是一種病態的、消極的、有害的心理。

作為一個企業的管理者，其嫉妒心理大多是由社會對自己的評價而產生的，嫉妒的重心是對方的聲譽、業績、影響力和地位。它往往對企業的最高管理者的心理產生消極的影響，導致其固執己見，色厲內荏，做出一些不合道德準則和法律法規的事情，以致削弱了企業的凝聚力，降低了企業的工作效率，阻礙了企業的進一步發展。

人才，在現代化的、科學的企業運作機制中有著舉足輕重的地位。現代企業團隊識才、知才、信才、重才、容才、獎才、愛才、育才，為每個員工提供舞臺，讓他們展現自我，實現自我。每個成功的企業，無一不是合理的運用人才，尊重人才，給予人才充分的信任和寬廣的施展才華得空間。一個成功的上級是不會刻意壓制那些能力強的下屬，相反對於那些才華出眾的下屬，均予以重用。

對於領導者而言，擁有能力出眾的下屬，是一件很幸福、更是一件很幸運的事情。企業倚重這樣的員工看上去順理成章。但事實上，很多企業領導者卻做不到這一點。原因就是其嫉妒心理在作怪。下屬能力強，將公司打理得井井有條，自然會在公司裡樹立起一定的聲望和威信，這在某些上級主管的眼裡就會被看成是對其權威的一種挑釁。下屬能力越強，樹立的威信越

大，對於某些領導者來說「威脅」就越大，他們的猜忌也就越大。

漢初的劉邦，十分嫉妒韓信的軍事才能和輝煌的戰績。劉邦曾問韓信，自己能帶多少兵，韓信回答最多不過十萬；劉邦又問韓信能帶多少兵，韓信回答多多益善。劉邦對此就深為嫉妒，最終假呂后之手除掉了韓信。

這就是嫉妒造成的「千里馬悲劇」。世人皆曉伯樂能識千里馬，重千里馬。然而時間一久，千里馬成績斐然，獲譽蓋過伯樂，伯樂便不能容忍了。尋個理由，便將千里馬發配到磨坊工作，甚至殺掉。

在現代企業中，當下屬的這種「威脅」超過某些上級主管的心理承受範圍時，這些主管們就會打壓、排擠令他嫉妒的員工，乃至將其解僱。因為他會覺得這樣的員工的聲望超過了自己，使自己在公司失去了身為上級主管的威風。但人才到哪裡都是人才，就如同金子在哪兒都會發光一樣，最終受到損失的還是企業本身。

A 建築集團的老闆周某很會發現人才，將自己公司的總經理職務交給了當時資歷尚淺的吳某。結果吳某不負眾望，率領公司在商戰中連戰連捷，公司利潤翻倍成長。這時候，公司內外傳出一種聲音，說 A 建築集團能有今天，完全是吳某的成績，吳某代表著 A 建築集團，是這個集團的靈魂。周老闆聽到這種傳言後感覺非常刺耳，他覺得吳某當初只是個小角色，是自己把他挖掘出來琢磨成才，公司有今天的成績是自己慧眼識英雄的結果，功勞應該算在自己身上。於是周某開始對吳某心存嫉妒，並且在工作中明裡暗裡打壓吳某，向別人展示自己才是集團的老闆，是拍板的最終決策者。結果這種內耗嚴重削弱了 A 集團的決策能力，A 集團的業績也開始下降。吳某終於不堪忍受周某的猜忌打壓，轉投到了 A 集團的競爭對手 B 集團。最終的結果是，吳某憑藉自身的能力和對 A 集團的了解，率領 B 集團徹底的擊垮了 A 集團。

第一章　偏差心理—認清別人前先認清自己

　　如果老闆擁有能力出眾的員工，那麼大可充分給予其施展才華的空間，自己來個垂拱而治，既使自己減輕了工作壓力，又博得知人善任、容賢納才之名；反之，總是擔心員工在公司的影響力超過自己，總是想張揚自己才是公司真正的管理者，心存嫉妒，四處猜忌，終日惶惶不可安枕，最終受到損失的還是自己。

　　從心理學的角度上來看，嫉賢妒能廣泛存在於社會，它是一般人際關係中最容易出現的問題。心理專家分析，嫉賢妒能無外乎分為兩種：第一類是擔心他人的某方面超過自己而產生的心理；第二種則是由於醉心自己的成績，故意挑起他人的妒忌，以此作為一種享受。在各類情緒之中，嫉妒之心可以說是最頑固且持久的心理狀態，難怪有人說：「嫉妒心是不知道休息的。」

　　事實上，嫉妒之心，人皆有之，無論你是什麼人，你都難以避免嫉妒。嫉妒是從心理上產生的對他人的一種消極態度，這種態度會左右人，致使其陷入一個惡性循環。嫉妒在特定的條件下會以各種消極的情緒、情感和有害的行為表現出來，並外化為種種邪惡的力量，造成一些無可挽回和令人痛心的危害，它是共同合作事業中的一大障礙。

　　為了更加專業的研究這一心理，美國加州大學查理斯‧加菲爾德（Charles Garfield Ph.D.）教授開始了長期的研究調查。透過對各行各業一千五百個成功人士的調查，加菲爾德教授發現了一個現象：那就是這些成功者在超越自己的同時，鮮有嫉妒他人的心理。在他們看來，強調團體的力量才是成功的關鍵。他們懂得，只有合作才更利於棘手問題的解決，反而很少嫉妒團隊中優秀的人才。

　　作為一個企業領導者，則要學會控制和引導、排解這種心理，特別是針對下屬的嫉妒心理。

　　團隊合作的力量是強大的，群體的智慧是無限的。事實上，任何英明的管理者都懂得，員工終究是員工，管理者終究是管理者，員工的威望和老闆

的威信並行不悖。任何英明的管理者都不會在工作中去嫉妒他所僱用的優秀員工，因為他清楚，在工作中員工越優秀，越會為企業帶來財富，員工的優秀等同於企業的優秀，嫉妒員工等同於嫉妒自己的企業，而自己又有什麼好嫉妒的呢？

二、諉過心理：員工信任的粉碎機

作為企業的管理者，是主動承擔因個人決策失誤而造成企業損失的相應責任，還是選擇把應付的責任推給下屬？如果這個人選擇是後者，那麼他便是一個有諉過心理的管理者。

在現實中，我們常常可以看到這類諉過現象：

小王在建築預算方面是行家，他提醒老闆，企業計畫有漏洞，而老闆則執意執行，拒絕修改。結果，公司蒙受了極大的損失。後來，公司在開總結檢討會時，老闆把責任都推到小王身上，責怪小王工作不力，將其辭退。

作為高層管理者之所以會有這種諉過心理，是因為他們認為承認自己的錯誤並承擔相應責任，會臉上無光，降低自己的威信，破壞自身的形象。這些人總是把企業的榮譽冠在自己頭上，但是當因自己決策失誤而造成了損失時，反而把責任推脫轉嫁給了下屬。

表面上看，諉過於下屬，上級主管的面子保住了。但實際上，這種做法只會使員工對上級失去信任，離心離德，使企業失去凝聚力。員工的人心都散了，也就不會真心誠意的為公司工作，因為他們的自尊心和積極性受到了嚴重的傷害，他們會覺得不值得為這樣的企業去努力付出。到那時，身為管理者又怎麼去管理員工並拓展事業呢？人心的流失，會嚴重影響事業的發展，導致事業的失敗。

　　作為一個成功的管理者都會知道，人無完人，自己的言行必然會有失誤之處，一旦出錯，他知道應主動承認自己的過失；他清楚，如果一味的推脫責任，不肯承認自己的過失，這樣下去，恐怕沒有人願意再為他做事。所以，成功的管理者，無一不是勇於承認自身的錯誤，並且善於攬過，用攬過的手段凝聚人心的人。

　　用人最重要的是要得到人心。而以罪己收買人心，這通常是古代明君用人的高超手段。把因為自己而造成的錯誤主動承擔過來，這既是企業管理者對員工的最大愛護和尊敬，更是能夠激勵員工發揮積極的力量的高超手段。

　　諸葛亮就是一個勇於主動承擔責任的人。本來，街亭失守，直接的責任人是馬謖，諸葛亮完全可以將帳算在馬謖身上。可是，諸葛亮並沒有這麼做，在追究馬謖的責任的同時，諸葛亮主動承擔了用人不當的責任，自請降職減薪。他的這一做法，並沒有丟掉主帥的威嚴，反而平息了潛在的不滿情緒，大大鼓舞了將士的士氣。同時，其威望也得到更進一步的提升。

　　諸葛亮在失掉街亭後主動領責、處罰自己的行為，流傳千古，是做領導者的在遇到危機時如何處理的一個很好的借鑑對象。

　　作為企業的管理者，應該有勇於承擔自己責任的氣度，而且更應該主動的去承擔責任，這也是由其所處的地位所決定的。

　　《史記·循吏列傳》中有這麼一個故事：

　　　　春秋時期，晉文公稱霸各國，他任命有功之臣李離為晉國的法官。有一次，李離聽信讒言，誤把沒有死罪的人處死了，當他知道真相後，就判自己犯了「過失殺人」之罪，把自己關進死囚牢房。晉文公聞訊趕來勸他，說：「做官的有富貴之別，處罰有輕重之分，這件事情是因為你的下級沒有調查清楚，你自己並沒有罪。」李離卻回答：「我的職位比他們高，受他們的拜揖行禮我從不還禮；拿的薪水也比他們多，但是從沒有分給他們過。而現在我犯了罪卻要把罪名推給他們，這種做法天理難容。我記得

有一條法律是：錯誤判了別人受刑的，自己也要經受相同的刑罰；錯誤判了別人死刑的，自己也要被處死。」說完，拔劍自殺了。

這個故事主要講的是責任。當然，不是說領導者在承擔責任時要用極端的手段，而是在突出責任本身。作為企業的管理者，本身就承擔著重大的責任，一舉一動都在萬眾矚目之下，稍有不當，都會造成極大影響。

傳說在遠古時期，每當遇到天災並危及百姓生存時，大禹都會主動向天請罪，認為是自己才德不夠，以致替百姓帶來了災難，罪過在自己，要求上天只懲罰自己一人，而降福給百姓。百姓民眾被大禹的言行所感動，奮起自救，上下一心，最後戰勝了天災，實現了安定和繁榮。

如果一名管理者能像大禹那樣大度、正直、有責任心，主動攬過，這樣即使真的有什麼錯誤和過失，下屬也一定能夠理解、諒解，更容易激發下屬與自己同心同德，共同戰勝困難。心理學家也說，主動承認錯誤、承擔罪責所表現出來的大度、正直、責任心以及愛護部下的行為，是一個好的管理者所應具備的，它在某種意義上會使已然缺失的威信得到恢復，乃至強化。一個好的管理者必須具備強烈的使命感和責任感，同時必須給予自己的員工極大的保護，這樣才能在遇到事故時上下一心，團結一致。

要成為一個出色的管理者，在出現事故時，就不應該把因為自己造成的過失和錯誤推給下屬，甚至應該在可能且必要的前提下，把與自己相連的責任和責罰主動承擔起來。這種攬過的行為是進行管理時的一種重要的激勵方式，這不僅能夠有效的激發下屬的積極性，更能夠得到下屬的信賴。與此相反，如果上級總是把責任推諉給下級，那麼不僅會使自己威信掃地，而且也會嚴重影響員工的工作熱情和積極性，失去部屬的信任，並嚴重影響到團體的向心力和凝聚力。

三、苛求心理：熱情倦怠的殺手鐧

有些管理者認為企業管理唯嚴至上，只有嚴格才可以產生效率，才可以確保企業良好的運轉。這樣的管理者認定員工都是有惰性的，只要一放鬆對他們的監督，這種惰性就會立刻表現出來，所以只有採取一些強制的手段，讓員工時時刻刻都在自己的視線範圍內，接受自己的監督。在這些企業管理者眼中，只有員工所有的時間都在工作，手中不停的有事做，才算是正常的、正確的、令其放心的。

其實不然，這是一種苛求心理，這種苛求心理是極不正確的，只會弄得人心渙散。

李某是一個小型企業的老闆。他要求員工在工作時間不得擅自離開工作位置，不得做與工作無關的事情，不得與他人閒談，不得接打無關電話，要把所有的時間都必須用在工作上。

並且李某總是想方設法占用員工時間，認為只有員工拚命工作才能做出成績。在這樣的管理下，員工的工作總是做不完，而且有些工作毫無意義。他還要求員工養成「第一個來，最後一個走」的作風，每天陪自己加班一個小時，即使員工沒有事情要做，也要守在他身邊。假如員工做不到這一點，那麼就會失去加薪晉升的機會，還可能被他「打入冷宮」，再無出頭之日，更甚者會莫名的被調職或解僱。另外，他還將員工的節假日重新進行了規定，以滿足他工作的需求。有時員工若將午休的時間全部用來休息，而沒有加班，就會引起他的不滿。

這些舉措顯然引起了員工的不滿，他們抱怨自己完全沒有自由，隨時都被管制和監督，好像是公司的奴隸，人身權利受到了嚴重的侵犯，他們快要發瘋了。最後，幾個主要員工開始聯合抗拒，他們開始接二連三的請假，以各種理由和藉口逃避李某的工作檢查。而且他們實在是無法忍受這樣的老

闆，打算等找到下一份工作的時候，離開這個讓人煩惱透頂的老闆。從此以後，不僅自己被員工尊重的需求沒有得到滿足，而且李某的工作也因此陷入了被動，團隊士氣低落、效率下降、人員流失、管理混亂等問題接踵而來。

李某的例子可能是個極端的典型，但是在我們的生活中，類似李某這樣的管理者並不少見。

在很多企業領導者的眼中，職業準則僅僅被認為是敬業奉獻、全心付出，希望員工能夠把工作等同於生命全部。在高強度的嚴格要求之下，員工不僅在工作中須全心全力投入，有時還要回家繼續忙碌，理所當然的也應當在節假日加班。但是，對於大多數人來說，工作並非他們生命的全部。每個員工首先是一個追求自我發展和自我實現的個體，然後才是一個從事職業分工中一份工作的職場人。

心理學家說，許多企業領導者好像並不清楚，並非每個人都像他一樣敬業，一心只為工作，也不是每個人都發自內心的願意接受監督，時時受上級的管制。相反，員工通常希望能有更多的時間考慮個人的發展問題，或是希望在工作的時間補充知識、提高技能，以及希望能有充足的時間休息娛樂。作為上級主管應該清楚，員工不是工作的機器，而是有血、有肉有感情的人。企業應該給予員工適當的個人空間，使員工處在一個寬鬆的工作環境中，這樣才能更加發揮員工的主體性。企業的管理者必須對這一點有清醒且堅實的認知，否則，只會讓你的團隊陷入倦怠中。

有一些小企業的管理者，為了考核員工，買來打卡鐘，還制定苛刻的制度。他們總是插手任何他們見到的事，覺得自己的公司就是應該這樣。他們經常忙得不亦樂乎，可是幾年下來，公司效益沒有提高不說，還面臨倒閉。

一個真正想把企業做大、做強的企業管理者，不應該對自己的員工這麼苛刻，每個員工都是團隊前進的「助推器」，如果他們運轉得好，就會為團隊注入強大的動力，如果不能有效運轉，那就要管理者反思自己的管理方法

了。管理者首先應該反思自身，自己是否對於員工太過於苛求，自己的行為是否讓整個工作的氣氛變得惡劣，進而導致了嚴重的後果，是否由於工作過重而影響了員工的身體健康。如果不顧及這些，其可能的結果是不斷的來人走人，最後公司被拖垮！

人性化管理，這是現代公司的必然發展，一味苛求則早已落伍。督促員工積極工作的同時，給予員工正常的私人空間，尊重每個人的基本權利，這樣員工才能在團隊中感到溫暖與重視，從而提高員工工作積極性。當員工充分享受到了尊重，有時還會主動與上級進行溝通，探討工作方式，完成上級交代的任務，心甘情願為團隊的榮譽努力。

結合心理學與目前社會的發展趨勢，絕大多數人對待工作還是抱有喜愛甚至享受的態度的，尤其是遇到具有高尚魅力的上司，進取心會不由自主的爆發。而這類上級主管的共有特點便是：懂得尊重員工。如果這份尊重能夠長久持續，那麼員工們還是很願意和主管成為朋友，成為互相督促的工作夥伴的。

作為企業管理者，以身作則是應當的，但這並不意味著一定要要求員工做到和自己一樣。企業應該對員工抱有信心，應給員工適度的私人空間，即使是在上班時間，也不可以每時每刻都監督在員工的身邊，管理者所能做的就是用計畫和目標管理員工，指導幫助員工學會管理時間，做好自己職責範圍內的工作規畫和安排，以及個人的發展計畫。只有像這樣實行人性化的管理，才會使員工的工作更有效率。

四、獨裁心理：事業崩潰的導火線

　　封建社會的絕大多數國家政體，被現代人認為是君主獨裁體制，國王或皇帝一人掌握了絕對的權力。到了現如今，在經濟社會中，老闆獨裁依舊是一個被反覆談論的話題，布滿了現實的誘惑與夢想的陷阱。

　　回顧市場上的一些「流星」企業，往日無限風光，但又一個接一個的從人們的視線裡消失。一個個意氣風發的著名企業家們也一個個的巨星隕落，不知所蹤。

　　縱觀企業的失敗，每個公司文化不同，因此倒閉的原因也不會完全一致。但企業管理專家指出，很多企業倒閉的深層的原因都會涉及一個相同點，那就是 —— 企業管理者的獨斷專行、獨裁作風。「我天下第一」的獨裁思想，使企業管理者不免浮起飄飄然的心態，從而萌發出強烈的價值實現與擴張欲望，這才是導致一些知名品牌不斷消亡的真正原因。

　　這樣就牽扯出一個問題：什麼是獨裁心理？其產生的原因？它在事業發展中有何利弊？企業管理者應該如何避免這種心理？

　　「獨裁」就是獨自裁斷，獨攬權力的經營模式。大多數的企業家都是集創業者、所有者、決策者和執行者於一身，所以專制獨裁的企業老闆為數不少。獨裁老闆大權在握，在企業的經營活動中，從發現問題到提出方案再到拍板定案，使完全由老闆一手決定全部決策，絕不允許下屬直接參與決策。

　　在企業初創時期，或在經營環境不穩定的情況下，這種企業主獨裁型的模式可以降低企業內部的決策成本，強化企業對於決策的執行能力，使企業盡快累積原投資本。不少企業在初創時期也正是依賴於創建者的決策和能力，發展壯大起來的。但是當公司進入成長、成熟期後，在市場競爭更為激烈、組織更需要團隊合作的情況下，企業主就特別需要依靠懂得現代管理科學的專家，來加入企業的策略規畫和目標管理。這時，就需要企業主下放手

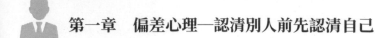

中的權力，使更多人參與到決策當中。如果他依然是個人打天下的方式，那麼這種獨裁型的模式就會成為公司發展的障礙。

縱觀現代化企業發展，人性化管理是被眾多成功企業所一致認同的。然而即使如此，有些企業內部還是出現了「傾斜」。強調建立團隊、鼓勵合作的理念只流於口頭，團隊精神在實際過程中遲遲無法發揮。許多企業的高層管理者對於權力的下放感到危險，依然把決策權完全掌握在自己手中。這種典型的獨斷專行的管理方式，對於新經濟型態下的知識型員工而言是難以忍受的。知識型員工需要的是流暢的工作流程，高效率的團隊合作，以及精通業務的上級給予的適當指導，而不是事事被安排，時時被監督。他們更願意在工作上展現自己的個性，表現自我價值，由此得到能力的提高和業績的提升。因此企業獨裁型模式的管理方法在當今市場經濟大環境，顯然是已經行不通了。

那麼，怎麼樣才能徹底擺脫獨裁心理？這個問題的突破口當然得在企業的管理模式上找。

首先，要認知到獨裁心理的危害，時刻檢討，抑制個人的控制欲，重新審視不斷變化的市場與環境。

其次，建立一個穩定、可靠的核心團隊。正所謂「一個好漢三個幫」，三個人的思路肯定比你一個人要開闊得多。

再次，建立信任關係。真正形成一個高績效的團隊，建立信任關係是最為重要的。不要只相信自己，也要信任你的員工並尊重他們的意見或建議。如果他們確實感受到企業對自己的信任，就能夠進一步激發靈感和工作積極性，提高工作品質。而企業管理者也就有更多的時間和精力，專注於策略決策等重大事情上。

最後，對自己的企業重新進行權力分配，團隊內部建立一套完善的制約和監督機制。

你若想在你打造的這個企業王國裡當好統治者，那麼請你先撇開你的控制欲，撇開你的獨裁，因地制宜、有的放矢的控制，遠比你專斷獨裁的統治要收效更大。

五、自負心理：失去人心的催化劑

世界之人，無奇不有。社會上的人形形色色，林林總總，其表現也是千奇百怪，各式各樣的。在人們最不喜歡的人當中，有相當一部分是喜好在別人面前誇耀自己的人。有了成績，來之不易，的確是可喜可賀的事情，但絕不要自我誇耀，而要把這些稱頌留給其他人來說。

作為企業領導者，獲得了一定的成功後，人們自然會予以稱頌；但若領導者自我誇耀的敘述出來，只能得到員工的反感和輕視。經常可以聽到有些主管說如下的話：「幸好他聽從了我的指點，否則他是不會有今日的成就的。」「這些傢伙都是蠢東西，不知他們整天忙什麼，我毫不費力就把它研究出來了。」「你瞧，這事我做得多漂亮！你能跟我比嗎？」諸如此類的話，不勝枚舉。這種誇耀，其實並不能引起員工對你的好感，相反，員工只會認為你太浮躁，不穩重。這一句句誇耀的話，就猶如一粒粒不尊重的種子，從領導者的口中撒出去，種在別人的心田裡，滋長出憎厭的幼芽。

「這份榮譽是屬於大家的！」這是有頭腦的企業領導者在專案順利完結後會說的話；而對於蹩腳的領導者來說，他卻只會喋喋不休的說著，自己如何辛苦如何努力才把事情做完。

常言道：「面子是別人給的，臉是自己丟的。」這話足以發人深省。一個管理者若真正具有某種本領或才智，自然會得到別人的公正讚許。讚美的話出自別人之口，才具有真正的價值。

第一章　偏差心理—認清別人前先認清自己

作為一個企業的管理者，不自顯功績是很必要的，很多領導者也都可以做到這一點。但有時候，有些領導者雖然不把功績掛在嘴上，但卻於張揚、驕橫的行為中表現出來。

當然，絕大多數人並非天生張揚，也不一定生來就驕橫。只是在依靠個人能力獲得驕人的功績，有了一定的威望之後，便目中無人起來。但這樣做的結果只有一個 —— 因能而功，因功而驕，因驕而敗。

1924 年，直奉第二次戰爭爆發。盤踞東北的張作霖發兵二十五萬直逼中原。當時的中華民國總統曹錕任命吳佩孚為討逆軍總司令，集結了 30 餘萬大軍與奉軍相持。由於在第一次直奉大戰中，吳佩孚以弱勢兵力輕而易舉的擊垮了數量、裝備均占優勢的奉軍，因此這時的吳佩孚根本就沒把奉軍放在眼裡。

中南海四照堂，吳佩孚於 9 月 17 日到達此地，隨心所欲的開始點將，並不將奉軍的入侵放在心上。四照堂點將時，他「胸口敞著，鈕扣也不扣，嘴裡吸著一根紙菸，」一副事不關己的模樣。面對著六十餘名衣冠嚴整的高級將領，吳佩孚表現得趾高氣昂，一副目中無人的驕矜模樣。也許他認為只有這樣，才能表示出對奉軍的蔑視。當吳佩孚下達完軍事命令後，竟還有許多直系部隊沒有被編排到作戰序列中去。直到那些將領提出疑問，吳佩孚才反應過來，才把這些軍隊隨意安插到作戰序列中。

戰爭爆發後，直奉軍隊在山海關展開激戰。由於吳佩孚驕狂自大準備不足，直軍在山海關戰場節節敗退。此時，馮玉祥趁吳佩孚前線失利之際，在其背後倒戈一擊。最終直軍一敗塗地。可以說，造成直軍失敗的很重要的一個原因，就是吳佩孚的驕狂自大，得意忘形。

富蘭克林曾說：我們各種習氣中，再沒有一種像克服驕傲那麼難的了。雖極力藏匿它，克服它，消滅它，但無論如何，它在不知不覺之間，仍舊顯

露。可見克服驕傲心理是件長期的任務，人在逆境中要認識自己，在順境時更要認識自己。

　　管理者，或者說是地位越高的管理者，越要注意修身養性，應避免按著自己的主觀願望隨意所為、狂傲自大。要自己替自己頭上套上一個金箍，告誡自己要小心謹慎。除了不要在別人面前自誇以外，還應在下述幾個方面提高自己的自我控制能力：

（一）鋒芒不要太露

　　鋒芒就像一把雙刃劍，既可以刺傷別人，也會刺傷自己，運用起來應該小心翼翼，平時則應插在劍鞘裡。有些企業主一旦認定自己獲得了一定的成就，就會變得剛愎自用，一味的要求員工服從，而不是引導他們。其表現往往不可一世，鋒芒畢露，處事不留餘地，咄咄逼人，有十分的才能與聰慧，就十二分的展露出來。這種企業領導者在為人處世方面也就少了一些涵養。顯露才華是可以的，但要有根據，更要善於掩才，這才是成熟穩重的表現。

（二）做事不要意氣用事

　　既然是領導者，手中就一定握有權力。用權憑自己心情行事，這是不可取的，要用得分寸恰當，就要避免意氣用事。

　　有的領導者發現員工的過失、懈怠或者不服從，開始缺乏冷靜，特別是在對員工有某種成見時，更是怒氣沖天。衝動之下，憤怒的情緒閘門大開，通常就會說出許多不尊重的話。這就不是指責和批評了，此種情形，不管你主觀用意有多好，效果也是適得其反的。盛怒之下發脾氣，不但降低了身為領導者的身分，也會使公司的氣氛低落，於事無補。同時也會讓員工覺得你過於盛氣凌人，給人一種狂妄自大的感覺。

（三）官態不常擺，官腔不常開

那種「官資不老，官態不少，官職不高，架子不小」，高高在上忘憂民，互相推諉踢皮球的企業領導者是人們所深惡痛絕的。因為過度的官態在一定程度上意味著狂妄自大，不尊重別人，它猶如撒在機器中的沙粒，除了製造摩擦，使機體受傷潰爛外，別無任何好處。

管理者講話是一門藝術，展現著上級的威信，但不要讓官腔弄得只有「威」而無「信」了。

（四）要正確的看待成績和榮譽

告誡企業管理者不要驕傲，並不是提倡他們虛偽。獲得成績，應當引為自豪，但成績只能說明過去，不能說明未來。況且，成績的獲得，有許多客觀因素，包括團隊的合作，他人的幫助，還有許多默默無聞、甘做人梯的人的努力。獲得成績後，不能把帳都記在自己的功勞簿上。成功的獎章上也有他們的汗水。離開他們，會寸步難行的。

綜上所述，驕傲是一種思想上的自我滿足，是浮躁的一個重要表現形式，它會導致盲目自信，甚至不思進取。驕傲是要不得的，所以，在企業管理過程中要謙虛謹慎、戒驕戒躁。

六、貪利心理：走向潰敗的推進器

求利之心人皆有之，而貪利心理則是在此基礎上更進一步的追求收益的表現。一旦出現貪利心理，使企業的投資資金的數額超出正常的心理把握範圍，造成產大於銷，便會出現產品積壓、資金凝滯、勞動力過剩等一系列經營危機，正可謂「物極必反」。

企業在投資過程中表現出的過分求利的現象，目前非常普遍。作為企業

的決策者，在連續再生產和擴大再生產時，從市場中看到產品的銷售處在旺盛時期，便不再考慮市場供需變化，一味擴充投資規模，不願調整產品的結構，不注意產品的更新換代。這種簡單呆板的投資操作缺乏應變能力和靈活性，很容易造成產品積壓和投資浪費等完全可以避免的無謂失誤。

曾有人說過：「不應當急於求成，應當去熟悉自己的研究對象，鍥而不捨，時間會成全一切，凡事開始最難，然而更難的是何以善終！」鯨魚在追逐沙丁魚的時候，只想盡快捕到沙丁魚，卻不知不覺游入淺灘，陷入了絕境，貪利心理的成長，會造成企業決策者產生急功近利的錯誤心理。為了企業的良性發展，企業的任何投資行為都應以客觀調查為依據，經過科學的分析決策而後實施。

一家塑膠製品廠，曾經由於質優價低一度占領了大部分市場。該廠負責人看到這種情況，認為應抓住此機會，進行大規模生產，就能從該產品上獲得更大的利潤。於是投資購買了價格昂貴的進口塑膠射出成型機，又大量購進原料，吸收人力，將前期獲利幾乎全部投入了再生產。誰知事與願違，當他將生產出的大量產品投入市場後，效果並不像他想像得那樣好，銷售量還是保持在原有水準，並且還有下降的趨勢。這位老闆大惑不解，這才開始認真的研究市場行情。原來，許多同行業廠家正陸續將開發的新產品投入市場，這些產品造型獨特、色彩豐富、輕巧靈活、實用美觀，在許多方面都較從前有所改進和突破。自家產品與之相比，的確有些相形見絀之感。這位老闆這才如夢初醒、搖頭苦嘆、懊惱不已。正是貪利心理替這位老闆帶來了龐大的損失，這個教訓不可謂不深。

此類負面教材比比皆是，2008 年，某二線品牌的手機製造商在經歷了短暫的風光之後，其業績也迅速滑落。探其原因有二。

第一，小品牌手機大多採用的是借鑑，從外觀設計到主機板都還在借

鑑。雖然依靠成本的節省，在短期內獲取了鉅額的暴利，但其產品缺乏技術上的核心競爭力，必然會出現巨贏之後的巨虧。企業要想保持持久、穩定的市場占比，就必須提高自主品牌的研發、創新能力，只有這樣，企業的發展才會長久。

第二，貪利心理急劇成長，急功近利忽略基本功。這幾年來，隨著新品牌的加入，消費者的信心有所恢復，然而，「急功近利」的苗頭卻又冒了出來。為什麼二線品牌手機不肯好好建立品牌呢？隨著如今市場競爭已經白熱化，這些手機製造商往往把眼睛盯在企業利潤的成長上，從而忽視了企業品牌的建立。所以，做大是一個企業的當務之急，可是沒有做強的決心，只有做強的口號，企業是不會真正在激烈競爭中做大的。

二線品牌手機的怪現象告誡企業管理者們，如果貪利心理過高，沒有經過科學的分析決策，只是盲目追求利益，就一定不會在如此激烈的競爭中站穩腳跟。

那麼在企業發展中如何克服貪利心理呢？作為管理者必須克服過分求利的心理，保持冷靜的頭腦。

股海中，有一位香港的家庭主婦，她卻達到了普通人士難以企及的高度。懷著平常的求利心理，當股價上漲三成就果斷拋出，下跌三成就果斷購進的「三成漲跌法」來操作，僅在幾個月內，便獲利五十餘萬元。

盲目求利，卻不見得就會獲大利；平常的求利心理引導實踐，反而會有喜出望外的收穫。

杜絕盲目的求利心態，不等於守株待兔的等待機會。想要獲得利益，就要在投資上注重理智的積極，用精明的眼光進行保值增值。

美國一家公司的 CEO 曾做過一個驚人的舉動：出售公司的大部分公司產權。這一舉動既不是因為企業經營困難而被迫賣出產權，也不是想要轉入其

他產業中，而恰是為了發展公司的業務。原來這家公司想要進一步擴展它的旅館生意。按照以往的做法是要追加投資性資金和經營性資金，這樣雖能增加企業的資產和價值，但並不一定能改善企業的經營狀況。對股份公司的股東來講，他們最關心是股票的價格，而不是公司資產的增值。因此，公司經營效益的好壞，對企業的發展來說要勝於單純的資產增值，於是公司把自己的旅館產權大部分出售，只保留長期經營權和部分產權。這一舉動為公司獲得了數十億美元的資金，用於股票的增值能力，如選擇市場，改進飯店的設計、裝修和管理。現在公司的產權的 80%屬於別人所有，但公司卻控制了更大的資本。

上面的例子告訴我們，作為企業的決策者，要以良好的求利心理為自己創造最大收益，絕不能盲目冒進，使貪利心理急劇成長。投資之前必須以市場分析為前提，以客觀調查為依據，經過科學的分析決策而後實施。

第一章　偏差心理—認清別人前先認清自己

第二章

用人心理 —— 牽住人才的「鼻子」

在企業管理中,既要處理事、也要研究人。將心理學知識穿插於企業的日常工作中,讓你學會在識人、用人、管人中靈活運用心理學的方法,從心理層面去影響和控制他人,避免正面的攻擊和對抗;並幫助你迅速解讀他人的心理,識別人才為我所用,成為人際關係的超級大贏家。

一、察其言，觀其行，慧眼識才

要想在日常工作中選對人才、善用人才，那麼這就需要管理者從小事上認真觀察自己的員工了。做到既能夠洞悉員工的心理、想法和欲求，又能夠從更深層次發掘員工工作的潛力，這樣就能夠非常好的掌握員工、活用員工了。因此，觀察員工是管理者評定員工的重要途徑之一，是不可忽視的管理方法。

一天，芝加哥第一國民銀行的出納部主任，決定去拜訪他們的新總經理。

其實，主任並不是去匯報什麼特別重要的事情，只是想向新的總經理表示祝賀和致敬。而這位偉大的銀行家，很喜歡與人閒聊，他對主任的造訪，表示出了相當的熱情。

主任後來回憶說：「這位總經理讓我太驚詫了，在與我談話時，追根究柢，所談內容相當瑣碎。從我的兒童時代一直問到現在，當然談得最多的還是有關銀行經驗。這使我驚奇不已。」他又說：「當時我就有些莫名其妙，回到自己的辦公室後，心裡越發糊塗了。」不久以後，一紙委任狀下來，主任被任命為銀行的副總經理。6 年以後，這位總經理成為美國總統府的內閣成員，副總經理便接替了總經理職位。

這位主任的升遷，絕非偶然的誤打誤撞。對於出納部主任的綜合能力，總經理早已多方打探，只是他自己並不知曉罷了。而總經理並沒有向主任說明原因，同時也未完全聽信他人對主任的種種評價，只是與他交談問他問題，聆聽他的話語，注視他的外在表情，研究他的內心世界。

對於這種策略的運用，美國一位非常著名的實業界領袖曾風趣的說過，了解一個人最好的方法，便是與他一起打網球和高爾夫球。緣由何在？可能寓意其中了。

企業老闆要做的管理工作可謂是一項複雜的工程，尤其是要與自己合作或是有生意來往的人打交道的時候，更不能掉以輕心，匆忙對別人下結論，以免出現對於人物的錯誤判斷，從而影響到工作的其他環節。

一些高明的領導者之所以高明，就在於他們費盡心思去探究下屬的內心世界，而被觀察者卻全然不知自己正為別人留意。觀察者有意，而被觀察者無意，這樣所得到的資訊才是比較準確、可靠的，同時也可以避免錯誤，得出正確的判斷。

有沒有真才實學，有沒有真功實績，看起來很容易判斷，有時卻很難判定。這就需要企業管理者從細微處觀察員工，以便發現自己需要的人才。

顆粒飽滿的穀穗會不由自主的把頭低下來，不作什麼姿態，不露什麼鋒芒。人才也是這樣，越是有本事有實績的人，越不願處處顯示自己，吹噓自己，尤其不願在上司面前吹噓顯示自己。作為上級如果只看自己眼前，只看那些能說會道的，那麼是很難發現潛在人才的。

曾有一家企業在面試中這樣提問，如果開闢一個新的基地，問面試者該如何打理，結果凡是誇誇其談自己可以如何如何的人全被刷掉，而說話謙虛適中的人卻被留下了，因為該企業的老闆認為，企業文化的具體表現就是踏踏實實辦事，只有這樣才會有業績，而誇誇其談對工作又有什麼用呢。

在國外，一家全球知名的跨國公司在招聘員工過程中，就發生過這樣一件事。經過一系列的筆試、面試、面談等層層篩選，只有不到十人從上百名應徵者中脫穎而出，進入了最後一輪面試。最後面試那天，這幾個應徵者是一個一個接受面試的。主考官是這個公司的老闆。這位老闆在面試過程中，並沒有過多考察這些應徵者的專業知識，而是很隨意的閒話家常。但是，在面試結束時，他對每個人都說了這樣一句話：

「不知道你是不是還對我有印象？其實我們早已見過面。在半年前的一個研討會上，我記得你有個企畫案寫得非常不錯，當時還是你親自朗讀……」

其實，這段話是這個老闆所投下的「煙霧彈」，因為這個研討會根本就不存在。然而所有人藉著這個機會，繪聲繪色的順著老闆的話講述，只有一個女孩子感到了一陣莫名其妙。

　　那位女孩聽完老闆的話，心裡犯了嘀咕：「這位老闆肯定是認錯人了，我根本就沒有參加過那個研討會，他怎麼能認識我呢？可是，否認吧，當著其他幾位考官，那就太不給老闆面子了；承認吧，也不合適……」最後，女孩一咬牙，非常從容的回答道：「先生，我想您可能認錯人了，我當時出差在外，沒能趕回來參加這個研討會。非常抱歉，讓您失望了……」

　　說完後，女孩禮貌的站了起來朝外走，她當時已經不抱任何希望了。但是，就在她打開門之際，那個老闆叫住了她，說：「小姐，我們決定錄用妳了。」

　　事實證明，那個老闆的決定是正確的。在後來工作中，這位女孩的工作成績確實非常突出。

　　這不僅僅只是誠實的問題。透過這麼一件小事，可以反映出一個人是否具備責任心，以及堅持的勇氣等等一系列的品格。而往往，這些品格在一些看似不起眼的小事中越發彰顯。

　　總之，優秀的企業管理者要學會用人，而用人之要，貴在識才，識才最重要的是要懂得從小的細節分析人，並以此對其人有真實的認知，從而為企業挑選出合適的優秀人才。每一個學會了管理學的人，都應該掌握好這一技巧，只有這樣，才可能使自己的管理更加輕鬆有效。

二、透過交談，辨析人才

　　語言是一個人頭腦的外在表現，透過一個人的語言，可以看出一個人的頭腦，看出一個人的胸懷。

　　如果想知道他人的興趣和關心的對象，我們可以透過與他們談話來了解這些資訊，從對方談話的內容和方式中，判斷出對方的大概情況。所以，精明的管理者要想透過表面的東西去了解員工的性格特徵和興趣，往往會從員工的談話姿態和話題上入手，關注其感興趣的話題，從中發現他們所要表達的某些「深層意思」，也就是說，員工的一些平日不為人所察覺的隱含情結，會從某個話題中呈現出來。

　　精明的管理者之所以能透過一個話題探索到對方的深層心理，主要藉由兩種方式：一是根據話題內容來推測對方的心理祕密；二是根據談話的展開方式判斷對方的深層心理，藉以了解對方的個性特徵。如果要想了解對方的內心動態，最容易著手的辦法，還是觀察話題所要表達的本意和說話者本身想要達到的目的。所以說，透過言談話語，是判斷他人的重要途徑。

　　之所以要分析判斷他人的言語，是因為這是洞察他人內心的有效方法之一。從一定的意義上說，言語只是一種表面現象，而人的欲望、需求、目的才是本質。現象總是要表現本質的，本質總是要透過現象才能表現出來。言語作為人的欲望需求和目的的表現，有的可能是直接明顯的，有的可能是間接隱晦的，甚至是完全相反的。對於那些直接表達內心動向的語言一般人都能理解，正常的、普通的的人與人交流，往往就是以這種語言方式進行的。而那些含蓄隱晦，甚至以完全相反的方式表現心理動向的言語，就不是每個人都能充分理解的，人與人的差異，大多也就發生在這裡。這是創造性思維的用武之地。若能夠透過舉一反三，觸類旁通；反過來想想，倒過去看看，增加點參照物；剝去虛假的外表等手段，最後從言談話語中發現出他人的深

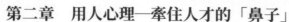

層動機，那就說明聽話的人比一般人聰明得多。而這種透過別人的話語判斷他人內心的方法，就是言語判斷法。

所以，透過言談話語是能夠判斷出他人的欲望、抱負和目的的，並能藉此進一步了解這個人的內心世界。

其實，言談話語除了其本身所包含的內容之外，還有著說話者內在性格的表現，這些表現雖然不一定像語言那樣直接，卻也會透露出他人的許多內在的東西。所以，靠言談識人，工夫卻在言談之外。只有那些擁有豐富經驗的管理者才會透過言談識人。他們不是憑一時之衝動，而是從對他人先予以理解，並站在他人的角度分析這個人為什麼如此說，其真正的想法是什麼來進行觀察。

雖然他人心中的意思往往會從嘴上流露出來，不管他人是否有意或無意這樣做，他總是希望別人能聽懂他的「潛意思」，這就需要企業管理者用心去體察。因為在通常，人們往往把自己的真實目的經常隱藏起來，也就是講話比較含蓄。所以，要想了解一個人，就必須隨時要注意了解他人話語中蘊含的真正意思，還要注意觀察他平時都同意或讚賞什麼樣的觀點，以幫助分析。注意了解他人話語中蘊含的深層意思，也就是要聽懂他的話語中包含的是善意還是惡意；注意他同意或讚賞什麼樣的觀點，也就是要看他心中對各種觀點持何種觀點，這樣，把兩個方面對照起來看，就可以對他人有了新的認識。

因此，只要他人一開口講話，就一定有其內心世界被展現的可能。如果一個人內心憂慮，那麼他的言談話語中，就會顯得對此絮絮叨叨；如果他身體有疾病，他的話語就會顯得黯然無光。

作為一個企業的管理者，應該透過與員工的交談來分析對方的心理，從而窺測出員工的才幹。

三國時期的姜維之所以能夠獲得諸葛亮的全面賞識，正是透過兩人之間

的對話。當姜維被封為陽亭侯時，年齡不過 27 歲，而他言辭的出色反映，更使其成為蜀國重臣之一。

初投蜀國之時，諸葛亮曾與姜維進行了一次談話。這次談話，使姜維在諸葛亮的心裡留下了「忠勤時事，思慮精密」的印象，認為其為德才兼備之人。因此，諸葛亮對姜維有過這樣一番評價：「考其所有，永南、季成諸人不如也。其人，涼州上士也。姜伯約，既有膽義，深解兵意。此人心存漢室，而才兼於人，畢教軍事，當遣詣宮，勤見主上。」姜維後果如諸葛亮所料，「心存漢室，而才兼於人」。這是透過言語識人的一個好例子。

不同的人，其不同的個性氣質會透過不同的言談舉止表現出來。

對事情的預測性很準的人，他們並非是真正的料事如神，有先見之明，只是較其他人善於對事物進行細膩入微的觀察和思考，從而養成習慣，久而久之就會形成相當強的分析能力，然後綜合各種資訊，對各種事物進行預測和估算。這一類型的人在絕大多數時候都能領先他人一步。

眼高手低、粗枝大葉、看不到細節方面，這是誇誇其談的人最為明顯的缺點。但善於在整體上掌握走向，大局觀是非觀良好，這又是他們的優勢之一，而時常冒出的一個個奇思妙想，對他人卻有很好的啟迪性。只是缺乏系統性和條理性，加上由於不拘小節的性格，可能會錯過重要的細節，替後來的災禍埋下隱患。這種人也不太謙虛，知識、閱歷、經驗都廣博，但都不深厚，屬博而不精的一類人。

在一般人來說，能說會道者的反應速度飛快，因此在處理某些問題時，他們會表現出強大的隨機應變能力。他們善於講大道理，透過自己的口才，將問題完美解決。這一類型的人能夠熟練處理各種問題，待人也較為圓滑，多數時候會受到很多人的喜歡，所以這一類型的人際關係會很不錯。

對於善於傾聽的人來說，這類人一般具有自己的思維，且角度較為獨

特、縝密，性格上謙虛有禮，脾性也較為溫和。有的時候，這類人容易被他人忽視，但透過一定時間的熟悉後，他又會成為最受人尊敬的一類人。虛心好學、勤於思考，這些都是其受到他人擁護的基礎。

還有一類人，這些人似乎「萬事通」，總顯出知識面極寬的特點，聊天中也能旁徵博引、出口成章，各門各類都可指點一二，學問較之常人非常高深。然而他們也存在有致命缺憾：系統性、思想性較差，倘若遇到問題很有可能能抓不住要領。這種人做事，往往能生出幾十個主意，但都沒落在重點上。如能增強分析問題的深刻性，做到雖駁雜但精深，直接掌握實質，同樣會成為優秀的、博而且精的全才。

根據交談的內容，恰如其分的變化自己的態度，利用靈活的頭腦分析自身處境，繼而尋找適合的方法得以解脫。在這個過程中能夠抓住時機運用妙語反詰的人，不單單能言會道，而且更善於聽，當形式對自己不利時，則能夠抓住各種機會去反擊，從而使自己處於主動地位。

講話溫柔的人性格柔弱，不爭強好勝，權利欲望平淡，與世無爭，不輕易得罪人。缺點是意志軟弱，膽小怕事，底氣不夠，怕麻煩，對人對事採取逃避態度。如能磨練膽氣，知難而進，勇敢果決而不退縮，終會成為一個外有寬厚、內存剛強的剛柔相濟人物。

性格比較仁慈的人，性格優雅、踏實。但是這類人的缺點也一目了然，其反應不夠機敏，心思過於細膩，有恪守傳統、思想保守的傾向。如加強其果敢之氣，對新生事物持公正而非排斥態度，將會變得從容平和，有長者風範。

外交型人才擁有非常敏銳的洞察力，在談話中喜愛利用言語上的漏洞，以充分的論證論據說服對方，通常能夠在短時間內對他人擁有清楚的了解，然後使自己占據主動地位，使對方完全根據自己的思路走，以此贏得最後的勝利。這類喜歡抓住弱點攻擊對方言論的人，分析問題透澈，看問題往往一針見血，甚至有些尖刻。由於致力於尋找、攻擊對方弱點，有可能忽略了從

整體、宏觀上掌握問題的實質與關鍵，甚至捨本逐末，陷入偏執與死胡同中而不能自拔。

速度快、辭令豐富的人往往言辭激烈而尖銳，對人情事理理解得深刻而精當，但由於人情事理的複雜性，又可能形成條理層次模糊混沌的思想。這種人做力所能及的工作，完全可以讓人放心，一旦超出能力範圍就顯得慌亂，無所適從。這類人接受新生事物的能力強，反應也快。

在談話過程中，還有一批人憑藉著幽默的話語，從而使氣氛得到活躍，這類人性格比較熱情和親切，時常能夠顧忌到他人的心理。有時他們還會採用談話的最高境界 —— 自嘲，從而表現出樂觀、調侃的心理和胸懷。

立場堅定、公正無私的人有時說話比較敢想敢說，不會拐彎抹角，不經意間便表現出不屈不撓的特質。這類人能夠代表正義，因此在外人眼中屬於值得託付之人。但這類人的缺點是過於嚴肅，讓人產生敬畏感，對待問題有時也顯得不會變通，更會因為在原則方面異常固執。

有些人喜歡在談話過程中軟硬兼施，他們多數內心較為頑強，經常會表現出不達目的不甘休的態度。很多情況下他們會死死糾纏對方，直到對方無奈答應這才罷手。另外有一些人喜歡濫竽充數，這類人不願為自己的言行負責，膽小怕事，一般情況下只求平平穩穩即可，沒有什麼野心。而避實就虛者則熱衷於利用假象、謊言蒙混過關，倘若藉口被揭穿，又尋找一些小伎倆以期能逃避、敷衍過去。

標新立異的人通常善於獨立思考，在某些情況下勇於對已知的權威說不，開拓性較之常人非常高。但他們也存在不可規避的缺點，比如容易偏激，思考問題時不夠冷靜，有時會產生些許孤僻感。但如果合理利用，那麼他們的各種奇思妙想便能創造一些有開創性的事。

有些人在交談中經常會蹦出新鮮名詞、新理論，這類人對新鮮事物有著極強的好奇心，並且總是按耐不住，想要第一時間一吐為快。這類人的優點

就是能掌握潮流，但有時會表現得沒有主見，無法獨立完成各種問題，在某些時候反覆徘徊，很難下定主意。如能沉下心來認真研究問題，磨練意志，無疑會成為業務高手。

作為企業管理者，如果能夠掌握這些言談的表象所反映出來的實質，那麼在識別人才的過程中自然會遊刃有餘。

三、全面考察，切不可以貌取才

都說「人不可貌相」，而事實上，企業主在用人選人上難免「以貌取人」，那麼教會管理者人如何透過「相面」準確的判斷人才就很有必要了。這一點，我們可以向晚清名臣、識人高手曾國藩請教一二。

作為曾國藩的愛徒李鴻章，有一次舉薦了三位年輕人給恩師，期望他們能夠助恩師一臂之力。時值傍晚，府上家人告訴剛回官邸的曾國藩，那三個由李鴻章所舉薦的年輕人已在庭院內等候。曾國藩暗地裡仔細打量著這三人，同時揮手示意家人暫且迴避。這三個年輕人中，其中一個人不停的用眼睛觀察著房屋內的擺設，似乎在思考著什麼；另外一個年輕人則低著頭規規矩矩的站在庭院裡；剩下的那個年輕人相貌平庸，卻氣宇軒昂，背負雙手，仰頭看著天上的浮雲。曾國藩又觀察了一會，看雲的年輕人仍舊氣定神閒的在院子裡獨自欣賞美景，而另外兩個人已經頗有微詞。曾國藩繼續觀察了一會，很快，曾國藩召見了這三個年輕人。交談中，曾國藩發現，不停打量自己客廳擺設的那個年輕人和自己談話最投機，自己的喜好習慣他似乎都早已熟悉，兩人相談甚歡。相形之下，另外兩個人的口才就不是那麼出眾了。不過，那個抬頭看雲的年輕人雖然口才一般，卻常常有驚人之談，對事對人都很有自己的看法，只是說話過直，讓曾國藩有些尷尬。

簡短的會面結束後，三位年輕人辭別了曾國藩。待三人徹底離去，曾國

藩立刻安排下人，為他們分別封職。當職位安排完畢後，結果卻出乎了所有人的意料。那個與曾國藩聊得最投機的年輕人，只做了一個有名無實的官位；至於那個少言寡語的年輕人，也僅僅被派遣負責管理錢糧馬草；最讓人一頭霧水的就是那個仰頭看雲的年輕人，這個偶爾頂撞曾國藩的年輕人被派去軍前效力，他還再三叮囑下屬，要加強培養這個年輕人。

對於如此的分配，舉薦人李鴻章大感不解，特別找到曾國藩詢問。這時曾國藩才緩緩道出其中緣由：他仔細觀察了這幾位年輕人，頭一位對大廳裡的擺設充滿好奇，因此兩人交談時才能投其所好，刻意談論擺設等物，但對其中的精髓不甚了解，而且他非常喜好在背後發牢騷，但在面前卻又畢恭畢敬，因此可看出他表裡不一、口蜜腹劍，並不是做大事之人；而第二個年輕人則過於羞澀，謹小慎微，過於老成沉穩，魄力不足，只好去做一個刀筆吏；最後一個年輕人，在庭院裡等待了那麼長的時間，卻不焦不躁，竟然還有心情仰觀浮雲，就這一份從容淡定便是少有的大將風度，更難能可貴的是，面對顯貴他能不卑不亢的說出自己的想法而且很有見地，這是少有的人才啊！曾國藩一席話說得眾人連連點頭稱是。「這個年輕人日後必成大器！不過，他性情耿直，很可能會招來口舌是非。」說完，曾國藩不由得一聲嘆息。

這三個人中，只有那個仰頭看雲的年輕人符合曾國藩的心意，後來的發展也證明曾國藩並未看走眼。隨著在一系列征戰中的優越表現，他成為了軍界、政界最為矚目的人，並憑藉著顯赫的戰功加封進爵。甚至在晚年之時，為了抵抗侵略軍，他毅然領軍掛帥，在中法戰爭中一舉拿下勝利馳名四海。他就是大名鼎鼎的臺灣首任巡撫 —— 劉銘傳。只是如曾國藩所預料一般，劉銘傳生性耿直，後來被小人中傷，只得黯然離開。

曾國藩認為，一個人的內在品格，會透過精神面貌，集中展現在臉上，尤其是展現在兩隻眼睛裡，眼睛可透露人的諸多資訊，從身體狀態到心性能

力。眼睛有「心靈的窗戶」之稱，古今中外名人都注意到這一方面，多有共識，在很多情況下，眼睛都是識別人才的途徑。

曾國藩一生喜好相人，而且所相結果，十之八九不會出錯。曾國藩相人時，必先面試目測，審視對方的相貌、神態，同時注意對方的談吐行藏，觀其才學之高下，道德之深淺，二者結合，以此判斷人物的吉凶禍福和人品才智。

選用人才不可求全，但知人識人應該力求全面。看人要以他的全部經歷中的整體表現為衡量依據，絕不可單憑一時一事而以偏概全。

東漢末年，王莽篡權之前，曾經極力偽裝自己。他裝作謙恭，禮賢下士，經常把家中的馬匹、衣服和銀兩拿出來救濟百姓，以致家中的錢財所剩無幾；同時，他還常常在漢平帝面前坦言自己克己奉公，誠實待人。當他獲得漢平帝的信任而大權在握時，便露出猙獰面目，專斷朝政，最後親自殺害了漢平帝，篡權自立，對百姓施予暴政。

由此觀之，領導者知人要深，知人要全，必須透過「日觀其德，月視其藝」的全面考察，才能得出正確的結論。識人才既不能一俊遮百醜，也不能只見不足、不見長處。

東周時代，周武王的弟弟周公旦是一位輔佐君王的奇才。武王死後，成王年幼無知，由周公旦攝政。而成王的三位叔叔——管叔、蔡叔、霍叔，卻企圖陰謀陷害周公旦。他們散布流言，說周公旦圖謀不軌。周公旦為避開讒言，隱居起來，不再過問政事，後來管叔、蔡叔謀反，事情敗露，才使成王懊悔不已，親自迎接周公旦歸來。成王幾乎錯識了賢才。

一些企業常常強調需要最優秀的人才，但世界上沒有絕對的最優秀人才，企業更需要合適的人才。

企業非常需要那些具有敏銳觀察力、獨特的見解、創新的理念、挑戰卓越的勇氣、非凡的執行能力和善於溝通的領導能力的人才。但是，企業更需要能夠認同企業的價值觀，接受企業文化，具備企業所需的工作能力和專

業能力，自律守紀，能夠完成各項工作，具備良好的溝通能力、合作精神和學習熱情的員工。

因此提高人力資源效益是企業經營的重要課題，對企業領導者來說，合適的人才最為重要。

企業強調團隊成員的多樣化，每一支團隊都需要不同類型的人才來組成，充分發揮每個成員的非常之才，這樣，這支團隊才有能力來創造燦爛多彩的生活，來應對不斷變化的世界。

知人善任是企業管理的核心，是企業全體管理者的重要工作和共同責任，而不應僅僅是企業領導者或人力資源管理部門承擔的一項工作。企業透過外部徵才、內部培育和選拔，獲得這兩類人才，並且將他們放在最合適的職位上，「賢者在位，能者在職」，促使這兩類人才能夠互相補充，產生倍增的作用，「才得其序，績之業興」。

用人體系還應當具有一定的靈活性，能夠有所區別的對待不同的人才，制定不同的策略，應用不同的方法，從而能夠有利於識別、發現、培育和使用各類人才。

通常，最具創造性的人才，很難用常規方法去發現和造就，常規的人才資源管理制度或許反而還會產生一定的阻礙作用，阻塞創造性人才的發現和限制創造性人才能力的發揮。這是一種管理的悖論，一方面我們不斷追求管理的制度化、規範化；另一方面又需要打破傳統，推動變化。

領導者要辨識企業自身經營和發展對人才的需求；尋找企業需要的合適人才；建立內部的人才激勵機制，包括由員工共同參與的員工職業規畫和技能發展，積極鼓勵內部和外部的人員有序流動；保證每一個職位都使用最合適的人才和儲備具有能力的繼任人才資源。圍繞上述任務建立起完善的管理制度，並且能夠採用先進的管理工具和發揮人力資源管理人員的專業作用。

四、以「禮」誘才，以「前途」留才

　　如何將一個團隊帶好、治理好，恐怕一直都是管理者們費盡心思的事情。其中，研究透澈者，治理有方，研究無得者，則治理失敗。成功的管理者都明白，想要提高團隊的實力，就必須網羅人才，將有用之才「收入囊中」。而網羅優秀的人才，也是一門需要心理技巧的學問。

　　燕昭王為春秋時期燕國的一國之君，他在位期間，最大的心願便是招攬各類英才。然而當時的很多人對此卻抱有懷疑的態度，在他們看來，燕昭王就像葉公好龍，並非發自內心的求賢，不是真的求賢若渴。眾人的非議，令燕昭王苦不堪言，那些前來應徵文韜武略的人才也稀稀落落，這讓他感到沒有任何辦法來實現抱負。

　　有一天，一個名叫郭隗的謀士向燕昭王講了一個故事：有一個國君願意出千兩黃金來買一匹千里馬，然而過了三年，都始終沒有買到。又過了一年，好不容易才聽說有一匹千里馬，當國君派手下帶著大量黃金去購買千里馬時，馬早已死了。可被派出去買馬的人卻用五百兩黃金買了死千里馬的骨頭。國君生氣的說：「我要的是活馬，你怎麼花這麼多錢弄來一堆死馬的骨頭呢？」國君的手下說：「您如果捨得花五百兩黃金買死馬，更何況活馬呢？天下人知道後，會爭相為大王送來活千里馬的。」果然，沒過幾天，就有好幾個人送來了千里馬。

　　郭隗又說：「您要想招攬真正的才俊之士，那麼首先要從重用我郭隗開始，像我郭隗這種才疏學淺的人都能被國君重用，那些比我更有學問的人，必然會聞風千里迢迢趕來。」

　　郭隗的話，為燕昭王指明了道路，於是他當即請求郭隗收自己為徒。為了表示出自己的誠意，燕昭王還特別為郭隗修建了一座宮殿。在郭隗的協助之下，燕國招來了魏國的軍事家樂毅，齊國陰陽家鄒衍，還有趙國遊說家劇

辛等，「士爭湊燕」這個現象便成為了一句成語。落後的燕國一下子人才濟濟，從此，一個內憂外患、滿目瘡痍的弱國，逐漸成為一個國富兵強的強國。接著，燕昭王興兵報仇，將齊國打得只剩下兩個小城。

郭隗給燕昭王的計策，實際上就是一種心理暗示法，連死千里馬都重金購買，那活馬更是價值連城，連郭隗這樣的平庸之士都如此重用，那有才能的人更是會受到非常禮遇。由於受到了這樣的暗示，燕昭王幾天內就得到了大量人才，短期內就出現了「士爭湊燕」的局面，燕國最終得以強大起來。

在企業中，只要能網羅到真正的人才，就會對企業產生極大的利益。

美國哥倫比亞廣播公司（CBS）是全美地區影響力較大的一家媒體傳播公司，然而從 1970 年代的經濟危機裡，該公司漸漸顯出頹勢，不再似往年一般風光。到了 1979 年，公司出現了最為嚴重的財政鉅額虧損，甚至已經面臨著破產的境地。就在內憂外患之時，公司創始人兼董事長威廉·佩利（William Paley）突然發現了一人：湯瑪斯·懷曼（Thomas Wyman）。他對懷曼以前的經歷進行了詳細的了解。開始時，懷曼在雀巢公司工作，他認真工作，表現突出，由總經理助理一直升到了公司總裁；後來，懷曼又在波拉羅伊德公司裡有不俗表現，成為公司國際部的副總裁和總經理，是第二號人物。在那段時間裡，懷曼還被《時代》雜誌列為美國 200 位未來企業巨擘之一。1975 年，懷曼到嘉英特公司當總裁，在他的努力下，使這家當時也面臨破產的罐頭食品公司走出了困境，而且還使公司的業務範圍擴展到了高級冷凍蔬菜和其他食品。懷曼成為當時商業界的一顆耀眼的明星。

自從 1951 年開始，懷曼就成為實習生，這麼一做便是 30 年，在行業中摸爬滾打得出了不少經驗，這點是令威廉·佩利非常看重的。在他看來，透過幾十年的不斷學習，懷曼在這方面的管理經驗已無其他人可以超越。於是，威廉·佩利當機立斷，決心邀請懷曼主導 CBS 的工作，來挽救這個瀕臨破產的公司。

　　在威廉・佩利的一再邀請之下，湯瑪斯・懷曼盛情難卻，前往哥倫比亞廣播公司任職總經理。而在上任之前，哥倫比亞廣播公司也與他簽訂了一份「懷曼年薪 80 萬美元，全面負責公司的運轉」的合約。同時，如果經營有力，還可以獲得數百萬美元的紅利。當然，哥倫比亞廣播公司在當時的狀況並不樂觀。

　　正如威廉・佩利的預言，1983 年，哥倫比亞廣播公司再次開始盈利，在 1984 年更是達到獲利數億美元的高峰。這一切，都是源自於懷曼的幾十年的管理經驗。為此，懷曼被稱作「管理有方，能謀善斷的難得人才，是哥倫比亞廣播公司的福音」。董事長威廉・佩利這番話，可謂毫無半點過譽、誇大之意。

　　那麼，人才就只能依靠從外部引進嗎？只有在外網羅回來的才是人才嗎？在企業內部難道就不存在能夠被培養和提拔的優秀人才嗎？

　　事實上，人才並不僅僅存在於外部，企業想要獲得員工的信賴與支持，並以此獲得持續的發展和壯大，就應當尊重自己員工的勤奮、努力與智慧，因而也必須學會在企業內部選擇和培養人才。其實企業內部也是人才濟濟，很多企業還沒有意識到這一點。事實上，要想留下更多的人才，更應在企業內部發現人才，禮遇人才。

　　可以說，在企業內部選拔人才是非常有效的舉措，因為這些人不但了解企業的營運狀況，而且這些人本身也受到了極大的鼓勵，他們會為了自己的事業和職位而留在公司。所以，企業要適當讓「肥水流到自家田裡」。

　　縱觀目前國際知名企業，諸如奇異、IBM、寶潔公司等，他們都有自身完善的員工培養機制。於此同時，這些公司的高階管理人才一般也都是由企業內部提拔而來，公司為員工提供一系列的機會，鼓勵他們積極進取。合理且完善的員工培養制度，使這些企業不斷出現一大批踏實勤奮的優秀人才。

這些例子顯示，外部徵聘的高階管理人才的確能為企業帶來新鮮理念和先進經驗，而且他們在工作中通常更富有革新意識，但由於缺乏對企業的文化心理認知等各方面原因，往往並不一定能夠獲得預期效果。根據國際人力資源諮詢公司發展部對 5,000 多位人力資源經理人的調查，約 40% 的外來經理在新職位上工作的前 18 個月就會失敗。與此相反，從企業內部選拔管理人才就會好得多。

培養和提拔有能力、有發展潛力的員工，會讓員工們看到為企業勤奮工作的美好前途，使他們對公司充滿忠誠，並激發他們發揮聰明才智的熱情以創造更多價值，這樣員工也會更加樂意留在公司。試想，如果員工們在公司上班，看到的都是外面請來的「人才」阻礙了自己的發展之路，看到的是即使勤奮踏實，前景也一片黯淡，那麼他們還會努力工作，一心一意為企業發展著想嗎？他們還會樂意留在公司為新人當下手嗎？

可以這麼說，為公司的員工提供足夠的發展空間與管道，同時給予員工尊重，為員工帶來前進動力，這才是管理者發現人才、挖掘人才的最佳方向。那麼，為員工打造合理的晉升平臺，管理者就要從企業機制下手，完善公司內部的競爭機制，鼓勵員工透過正當競爭獲取相應的職位。而縱觀一些企業，一旦公司某職位負責人調離，管理者總是首先想到先從外部徵聘人才，而忘記了內部提拔這一環節；還有一些管理者，即使想到了先從內部提拔，但由於沒有在企業建立完善的內部選拔機制，或者是因為太熟悉內部員工，看到的總是員工的各種不足而看不到員工的諸多優點，到最終，還是會考慮從外部徵聘。在這些管理者眼裡，總是「外來的和尚會念經」。事實上，這種做法對員工的打擊相當大，當員工覺得公司缺少發展空間的同時，也就缺少了向上的動力，這樣既不利於激勵員工，也不能在團隊裡營造良好的競爭氛圍。

　　有的時候，公司裡並未有人員離職等等造成的空缺，那麼對於那些原本在本職已有出色表現、能力超越本職的員工，管理層可以採取平級輪調的方式，使其跳出曾經熟悉的工作，利用新職位、新工作、新挑戰，再次激發他的熱情。這樣一來，該員工在得到挑戰的同時，又學到了新的知識技能，這對員工的綜合能力來說無疑是一次有效的提升，為該員工將來勝任更高層次的工作職位奠定基礎。

　　另外，要為員工提供足夠多的培訓機會。有的公司也不是沒想過要對員工進行培訓，但是培訓就得有投入，因為捨不得投入，而不為員工提供培訓機會，實在是得不償失。其實培訓的方式也可以是多樣的。只要善於動動腦筋，就會發覺，培訓可以無處不在，可以隨時隨地，現在流行的一分鐘培訓就是很好的佐證。

　　德國是世界著名的工業品牌國家，其中西門子電器公司更是大名鼎鼎，為德國國內最大的私營企業、全球第五大跨國公司。西門子公司能夠成為世界電器界的一顆璀璨明星，除了絕佳的產品品質保證外，管理人才的系統體制也是其能夠長久不衰的重要原因。如今的西門子公司，人才的選拔、培養、造就等一系列措施，已經成為公司發展策略的重要組成部分。

　　西門子的「肥水先流自家田」，就是重用企業內部的員工，給他們發展的空間和晉升的機會，而且還及時進行員工培訓與交流。在西門子實行的這種有效的方法下，西門子的員工不僅樂意留在西門子，而且還具備更大的熱情，用盡自己最大的能力，為公司的發展提供自己的一份力量。正是這些力量的集合，為公司的發展提供了一種強大的動力。

　　為員工提供完善的發展空間，這是許多知名企業的管理理念，西門子公司同樣也不例外。不局限在所聘職位的要求，招募的員工甚至比職位要求能力高出數級，這在外人看來有些不可思議，然而這正是西門子公司人才管理的成功之處。這麼做的目的，就是為員工下一步的發展創造有力條件。工作

勤奮、不斷進取的員工，在西門子公司將獲得豐富的晉升機會，員工在工作一段時間後，若表現出色都會被提拔，即使本部門沒有職位可供升遷，也會安排到別的部門，優秀員工可以根據自己的能力設定發展軌跡，一級一級向前發展。

企業內部的企業家，這是西門子公司人才管理中的一句響亮口號。與此同時，為了留住優秀人才，激發他們的潛能，員工甚至還享有做決策的機會。這些管理方式配合完善的加薪體制，使員工充分體會到了做老闆是何種感覺。有人對此方式質疑，然而從西門子公司的發展來看，這實際上是互利的，即員工的才能得到發揮，受到提拔，增加了收入。企業也留住了人才，創造了利潤。這可以說是西門子公司管理風格的展現。

西門子為了留住優秀人才，可謂是煞費苦心，無論採取哪種舉措，都是為了先讓「肥水流到自家田裡」，並透過各種管道為員工提供一個發展的空間。這種用人留人的方式，很值得管理者借鑑，試想，如果企業管理者都能如此重視企業內部員工，那麼員工還有什麼理由不留下呢？

五、緊緊抓住人才 —— 巧用攻「心」計

在所有的用人謀略中，最重要、最關鍵的一條是「攻心為上」，用人用到「心」。

思想決定行動，精神決定肉體。所以，只要征服了人的心，就能征服人的身體，就能控制人、利用人，讓其心甘情願的為自己打拚。心靈經營是最近提出的理念，它最核心的內容就是要用「心」用人。企業的用人之道就是管理好員工，一句話就是「收心為上」。

日本的伊藤洋華堂就是一個出色的心靈經營案例。公司的主要業務是超市，超市員工對商品知識十分精通，而且對人熱情周到，客戶對此非常滿

意。社長在談及他管理店員經驗時說道：「在我的公司裡 80％的員工是未婚年輕女性，公司受她們家長的委託，對她們進行培養和教育。因此，從公司的立場來說，絕不能讓她們成為特立獨行的人回到父母身邊，或者連東西也不會買就嫁到未來的夫家去。基於這個緣故，公司對她們要求非常嚴格，在商品知識的教育方面，也花了很大一筆資金。公司常常告誡她們：『學會當一名合格的店員，不僅是為了公司，為了客戶，更是為了妳們自己。』」

「收心為上」，這四個字便是伊藤洋華堂旗下企業成功的祕訣。從單一的公司角度，擴張到對女店員的自身能力的綜合培養，這大大加強了企業的凝聚力。尊重始終都是雙向的，企業尊重員工，員工自然敬重企業，從而煥發自身對於企業的熱愛，心甘情願的成為公司一份子，為公司效力。

對此，心理專家提醒，作為領導者，要知道員工也是人，他也和你一樣，有想法，有感情。你幫助他，他也會幫助你；你待他好，他也會待你好。

戰國初期著名的政治改革家、軍事家吳起將軍就是一個善於攻「心」之人，他平時對部屬愛護備至，在他統率魏軍攻打中山國時，有一個士兵身上長了毒瘡，輾轉呻吟，痛苦不堪。吳起巡營時發現後，毫不猶豫的跪下身子，把這位士兵身上毒瘡中的膿血一口一口的吸吮出來，解除了他的痛苦。士兵的母親聽說了這件事，大聲痛哭。別人說：「妳兒子僅僅是個普通士兵，卻得到將軍為妳兒子吮血，應是光榮之事，為什麼還要哭呢？」士兵的母親說：「不是這樣呀，前幾年吳將軍為我的丈夫吮吸瘡口，結果我的丈夫直到戰死也絕不回首。今日吳將軍又為我的兒子吮血，我真不知我兒子要死在哪裡了，我因此而哭。」

可以說，任何用人行為，要想順利的進行下去，都必須同時具備兩個先決條件：第一，企業管理者願意使用員工。第二，員工願意接受企業的使用。從某種意義上說，後者比前者更重要，要達成的難度也更大。居於被管轄地位的員工，心態一般都比較複雜，有時候，這種複雜矛盾的心理會對工作的推

展造成消極影響。因此，老闆不僅需要準確了解員工的內心世界，而且還要在此基礎上，進一步征服掌握員工的心，使員工打從心底信賴你、敬仰你、服從你、熱愛你，心甘情願的為你效力。而要做到這一點，就絕非易事了。

曹操利用徐庶孝敬母親的弱點，設計將他弄到自己身邊。然而，他並沒有真正贏得徐庶的心，得到的只是一個對他離心離德，一言不發的「廢才」。

劉備三顧茅廬，均遭到諸葛亮的怠慢，因為諸葛亮想藉此考察劉備有無招賢納士的誠意和寬容大度的氣量。在劉備三顧茅廬、謙恭下士的誠意和品德深深打動了諸葛亮的心之後，這位隱居山野的「臥龍」先生，便欣然臣服於劉備，出山助他逐鹿天下。

上述兩則古代用人故事，從正反兩個方面，說明了攻心謀略在用人行為中所產生的重要作用。

在通常情況下，一個心態正常的員工，希望遇到一個怎樣的「伯樂」呢？換句話說，他對企業管理者抱有哪些期望和要求呢？

根據心理調查資料分析，員工對管理者的期望和要求，按照由低到高的排列順序，主要有以下四個層次的心理追求：

（一）追求安全

期望管理者公道正派，光明磊落，不故意整人，不落井下石，不嫉賢妒能，不栽贓陷害。當管理者偶有過失時，不把員工當「代罪羔羊」拋出去。應該說，這是每個員工對管理者都會提出的最基本的期望和要求，因而屬於最低層次的心理追求。

（二）追求溫暖

期望管理者能關心自己的疾苦，及時幫助自己解決生活上和工作上遇到的各種困難，為自己提供基本的工作條件和生活條件。有時候，由於受到地

區、財力和物力的限制，一時難以解決自己遇到的某些困難，但只要老闆能夠表示一下關心，員工感覺到老闆的關懷就很滿足了。顯然，這屬於員工的較低層次的心理追求。

（三）追求信賴

期望管理者能夠充分理解自己，信賴自己，十分放心的讓自己參與各種重要的團隊管理活動，把一些比較重要的工作交給自己，經常聽取自己提出的合理建議，並能夠對自己說一些「知心話」。顯然，員工對管理者提出的這些期望和要求，並非人人都能得到滿足，它已經屬於較高層次的心理追求了。

（四）追求事業

期望企業管理者和自己興趣相投，想法一致，能夠為自己獲取事業上的成功提供一切方便條件，甚至期望管理者在必要的時候，為自己的盡快成才承擔一定的決策風險。不難看出，這是少數雄心勃勃的員工對管理者提出的最高層次的心理追求。

作為一位成功的管理者，不僅要對員工在這四個層次上的共同心理追求瞭若指掌，而且還需要對各個員工在不同層次上的特殊心理追求詳細了解。針對這些不同類型的員工抱有的各種心理追求，管理者應當因人而異，投其所好，分別採取不同的攻心策略，征服掌握員工的心。

例如，在適當時機和場合，採用適當的方式方法，對某一曾經犯下過失的員工公開表示諒解和袒護，以此來滿足多數員工追求「安全」的心理期望，增強大家的「安全感」。在力所能及的範圍內，盡可能幫助員工解決生活上和工作上遇到的各種困難，並使這一工作規範化、制度化，在必要的時候親自出面，對重要員工表示慰問，以此來滿足多數員工追求溫暖的心理要求，使大家感到公司的關懷。有意識的讓一些能力較好的員工參與一些重要的管理工作，

經常徵求他們的意見和看法，並在條件允許的前提下，對他們說一些「知心話」，以此來滿足部分員工追求信賴的心理要求，有效激發他們的積極性和創造性。為少數德才皆優、確有成才希望的員工開闢道路，甚至將自己的職位讓給他們，以此來滿足他們追求事業的心理要求，使他們盡快成才。

在採取上述攻心策略時，企業主可以選用各種靈活多樣的攻心手段，導演出一幕幕令人目不暇給、拍案稱奇的好戲來。在這方面，中國古代有作為的統治者，都分別創造了極具個性特色的攻心「戲碼」。

三國時代劉備當著趙雲的面，將他從亂軍中救出的幼子扔在地上，說：「為一孺子，險折我一員大將！」使趙雲感動得當即跪倒；曹操馬踩青苗，當即削髮示眾，以嚴軍紀……

需要指出的是，有些管理者誤以為，攻心謀略只不過是掌權者為了更能夠實現自己的管理目標，所使用的一種收買人心的權術。倘若這樣來認識攻心謀略，那就大錯特錯了。

誠然，在中外用人史上，確有不少統治者是透過玩弄權術來收買人心的，包括我們在上面提到的用人故事，其中有些也摻雜著一些權術的成分。但是，那些依靠政治權術來收買人心的統治者，只能在一段時間內得到員工的心，卻很難長久維持，一旦員工識破了他所玩弄的權術，那麼他的攻心企圖也就徹底失敗了。

怎麼做才能拴住員工的心呢？

心理學家告訴我們：只有真誠待人，建立良好的人際關係，人的心理才能維持正常發展，工作和生活才有幸福感。在企業裡，管理者應懷著人與人之間的「真誠」來對待員工，這樣企業才能夠獲得最大的回報。

身為管理者，對待員工的心態、言行等的態度，就決定了企業的管理模式。人才是企業發展的根本，唯有用情用心去真誠對待員工，才能讓他們安心工作、努力工作，才能使他們為企業做出傑出的貢獻。

　　不管是從管理的角度來看，還是從人性的角度來講，作為管理者都應該以一顆真誠的心來對待員工，將心比心，多進行「換位思考」，站在員工的立場多想一想。唯有真誠，才能實現有效的溝通；唯有真誠，人際關係才可能持久；唯有真誠，才能真正拴住員工的心；唯有真誠，企業才會有真正意義上的團結和凝聚力。這些足可以證明「真誠」在企業管理中的重要性。

　　關於真誠待人，基督教中的「你希望別人如何待你，你就應該如何對待別人」的觀點也是廣為人知的。對此，孟子表述為：愛人者人恆愛之，敬人者人恆敬之。這些都表達了：要想別人真誠待你，你就應當首先主動真誠的去對待別人。只要你對別人有誠意，就會得到相應的甚至更大的回報。

　　所以，作為一個成功的企業管理者，想要真正獲得理想的攻心效果，並且將這種效果長期保持下去，使員工由衷的信任自己、敬佩自己、擁戴自己，那就只有一個辦法 ——「以己之心，換人之心」。在日常工作中就要善於表達誠意，不論職位和地位的高低，都以真誠對待員工，讓員工在良好的氛圍中感受企業文化的薰陶，愉快的工作，這對每一項工作的順利推展都是大有裨益的。只有你誠心誠意對待員工，員工也會以真誠對你，以真誠回報企業。可以說，真誠對待員工，是企業做長做久，最終實現產業目標的基礎。

　　除此之外，別無他法。這就是攻心謀略的真諦。

六、知人善用：用人要揚長避短

　　駕馭企業組織，這其中難度最大，同時涵蓋內容最廣的當屬「用人」。無論是古代列侯還是如今商場，用人之道可謂最考驗管理者的綜合能力。無論企業發展的高瞻遠矚、運籌帷幄，還是自身的品德與修養，這些都將在用人過程中逐一呈現。知人善任、用人之長，這是用人的基本方針，在發現自

己的團隊裡有特別優秀的人才後，要及時給予合理的任用，讓他盡快的、真正的發揮其積極的作用。

　　了解、掌握員工的特點，這是知人善用的第一步；將合適的員工放置於合適的工作職位，使其能夠如魚得水般發揮作用，這便是知人善用的全部；而用人之長，便是說要讓員工在工作時盡量發揮自身的優勢，這樣才能更加做好工作。無論知人善用還是用人之長，必須在工作的過程中對員工的特點進行全面掌握，只有這樣，員工才能全面發揮出自身的優勢。

　　一位管理學大師曾說：「善於發現人才還是第一步，只有真正善用人才，才能真正產生效益。」是金子就讓他發光，是人才就讓他發揮作用，這是一條最基本的用人準則。

　　第二次世界大戰的爆發，波及了所有國家，因此各行各業的人不得不被臨時招募，就此參加戰爭。一個小島上有一支駐軍，這些軍人有的是大學教師、機械工程師、政府辦事員等知識分子，有的則是泥水匠、餐館老闆、消防隊員、小提琴手、汽車修理工人等普通民眾。

　　剛來到島上，這些人便忙碌起來。有的用撿來的木枝乾草搭起了簡易的帳篷，有的用自製的工具造起了爐灶，還有的忙著施展烹飪手藝，人們都在各自擅長的方面盡情發揮。一頓豐盛的晚宴過後，還舉辦了一場熱鬧的晚會。

　　隨著戰事的逐步深入，小島上的人們在幾天後，遭到敵方猛烈襲擊。所有人在硝煙紛飛的戰場上，消防隊員和汽車修理工憑藉著過人的膽識，利用各類武器將敵人一一殲滅，而大學教師和餐館老闆卻顯得驚恐不已，面對敵人手足無措，失去了用武之地。

　　未在其位，不謀其職。在這場戰役裡，大學教師可以說是最有才華的人，因為他接受過高等教育，掌握的知識較多，遠在泥水匠、小提琴手、消防隊員等人之上。但是在槍林彈雨的戰場之中，他卻遠遠不如那些只受過基

本教育的消防隊員與汽車修理工人。因此無論大學教授多麼有知識，此時也變得英雄無用武之地了。

　　每個人的能力水準都不同，因此對於企業管理者來說，在實際的用人過程中，限於各式各樣的因素，用人觀念也會存在極大的分歧。對於順眼的人，公司主管會提供其更多的機會和空間，對於不順眼的人，則會對其變得挑剔和苛刻。其實這些對員工個人來說都是不公平的，對企業發展來說也是不可取的。

　　那麼如何才能規避這樣的情況出現？只有一個辦法：用人所長。作為公司管理者，不可避免會出現準備讓員工承擔更大的工作任務，抑或因為某員工工作不是非常努力就要裁員的現象，企業此時應當做的是：平心靜氣，考慮是否已經用人所長，這樣的做法是否會在某些地方出現問題，是否能夠把員工安排到適合的工作上，是否能夠使員工在工作上的長處得到正常發揮。想到了員工的長處所在，並科學的用其長處，將使你得到意想不到的效果。

　　矛盾與統一，這是世界最基本的哲學觀，同樣，人也不能例外。每個人都會有缺點，同樣每個人都會有優點，遮蔽缺點，發揚優點，這才是企業用人的關鍵之道。「駿馬能歷險，犁田不如牛；堅車能載重，渡河不如舟；捨長以就短，智者難為謀，生才貴適用，請勿多苛求。」而目前多數企業在選拔人才之時，總是只看到員工的某一點，或只看到一段時間的員工特點，並不能全面了解人才，不問全過程的觀點還存在著。其表現，一是只見人才的缺點而不見人才的優點，不分析缺點是嚴重還是輕微，抓住缺點，一葉障目；二是只看人才的過去而不看人才的現在和將來，對犯有錯誤和過失的人才全盤否定；三是喜歡沒缺點的庸人，不喜歡有缺點的能人，庸人比能人吃香，致使能人也成了庸人。這種所謂追求完人的觀點，不知埋沒和損失了多少人才。所以，企業要想留住優秀人才，就要客觀公正的對待員工的優缺點，並做到短中取長，這樣才不會致使公司人員流失過多。

福特公司之所以有今天的成就，主要是因為福特公司將「知人善任、盡顯其能、因材施治」這一理論成功運用到了企業管理中。可以說，福特獲得成功，有很大一部分因素是和他對人才的態度分不開的，他廣泛招攬人才，並善於根據人才的特點，利用他們的優點，避開他們的缺點，讓他們在工作中充分發揮其最大的作用。

有這樣一個典型的優缺點突出的人物，他就是負責福特汽車的銷售工作的一位銷售人員。整體來說，他的缺點是虛榮、自私、性情粗暴，優點是聰明能幹、善於交際、處事果斷，而且對汽車業的經營有著豐富的閱歷和經驗，精力充沛，工作熱忱，雄心勃勃。只是舊主不識良驥，他沒有得到重用，而福特眼光高人一等，知道用其所長，並委以重任，視其為左臂右膀。這位銷售人員也知恩圖報，非常盡心盡力的為福特工作，他還獨創了一種推銷方式，輕而易舉的在各地建立了經銷點，為福特汽車王國的建立立下了汗馬功勞。

福特成就了他夢寐以求的 T 型車，而廣告設計師則在 T 型車的暢銷方面功勞卓著，而改革裝配技術、工序、世界第一流汽車流水裝配線的建立，卻是聘用了能人威廉‧C‧克萊恩和三位年輕經理 —— 索倫森（Charles E. Sorensen）、馬丁（Peter E. Martin）和威爾斯（C. Harold Wills）的結果。

在福特還有一位能工巧匠叫埃姆，他的加入更使福特公司如虎添翼。埃姆不僅技藝精湛，而且善於調兵遣將。俗話說，強將手下無弱兵，在埃姆的身邊聚集了一大批能人。最突出的要數公司的採購員摩根那，他被譽為公司的「外部眼睛」。他有一種天生的鑑賞機器設備的能力，只要到同行競爭對手的供應場上看一遍，就可以發現哪些是新的設備，然後回來向埃姆描述一番，過不了多久，仿製或加以改進的新機器便在福特汽車廠裡出現了；「探子」芬德雷特則專門跑本公司以外的零件供應廠，估算他們的生產成本。一

旦判斷出哪種產品要價會高，他就要福特廠馬上取消與那家零件供應廠的訂貨，然後埃姆會根據他的描述製造新的設備，自行生產；「檢驗員」韋德羅更是一位精明強幹的機器設備檢驗專家，他專門負責向埃姆匯報安裝的自動機床試車的情況。擁有這些得力助手的埃姆，對福特公司的貢獻就更大了。

要想將員工的才能激發出來，就應該給予員工合適的職位，給員工一個實現自我價值的舞臺。俗話說，是金子，總會發光的。但是，在這個世界上還有很多「金子」沒有被人發現，長期被埋沒，得不到發光的機會。原因就是缺少這麼一雙發現「金子」的眼睛。正是因為福特有這麼一雙善於發現「金子」的眼睛，所以才擁有了這樣一批能幹的人才，讓自己的公司的生產面貌煥然一新。而如果沒有福特公司精明的用人所長，短中取長的用人理念，這樣人才是不會在福特留下的，更不會為公司做出如此龐大的貢獻。

這個世界上任何東西都有它的用處，只是用處大小方式不一罷了。作為萬物靈長的人，自然也不例外。即使是再無能的員工，只要遇上一個會用人的「伯樂」，同樣也能發揮他的長處，這正是一個成功管理者發揮員工所長，為自己創造價值的智慧。

美國奇異公司的前執行長傑克・威爾許（Jack Welch），被稱為世界上最會用人的人。他說他最大的成就就是找人，發現大批人才，並恰到好處的使用人才。

1999 年 1 月 4 日，傑克・威爾許在奇異全球 500 名經理人員大會上說：「奇異成功的最重要的原因是能找到最好的人！」

的確如此，這位被稱為頭號經理的人，最關心的就是人事工作，他的最大成就就是如何關心和培養人才。傑克・威爾許的工作信念是：只有對他們有足夠的了解，才能信任他們，讓他們放心工作。

傑克・威爾許說：「我不懂如何製造飛機引擎，我也不知道在 NBC 應播放什麼節目，這兩項都是奇異的主要業務。我們在英國有一項有爭議的保險

業務，我不想做那項業務，但是那個向我提建議的人想做，我相信他，我相信他能做好。」

傑克·威爾許選人的原則是：從不注重學歷和資歷。他說：「關鍵是你能做好什麼！」

傑克·威爾許自 1981 年出任奇異執行長以來，這一用人原則就不斷得到加強。傑克·威爾許不會把下屬放到合適的位置上就了事。每年 4～5 月，他和三名高階經理一道前往奇異的 12 個業務部門，現場評審公司 300 多名高階經理的工作進展，對最高層的 500 名主管則進行更為嚴格的審查。業務部門的執行長和他的高階人力資源部經理參與審查。這項緊張的評審迫使這些部門經營者辨識出未來的管理者，制訂出所有關鍵職位的繼任計畫，決定哪些有潛力的經理應送到奇異的培訓中心接受領導才能培訓。

會議依然在進行之中，這時傑克·威爾許卻閱讀起每一本評價檢測，因為這裡面匯集著每一名員工的優點和缺點，以及他們上級的分析，而員工的相片也會在文件後面備查。一番心平氣和的閱讀之後，傑克·威爾許對每個員工的基本情況已經有所了解，對於企業內部員工的狀態、表現與長處，他都已胸有成竹。

透過這些方法，奇異盡可能的找到了為企業工作的人，並把人才放在最合適的位置上，充分發揮每個人的聰明才智，讓奇異充滿活力，蓬勃發展。而這種管人、用人的方法，是每個想要事業有成的管理者都必須學會的。

金無足赤，人無完人。一個員工一方面優點突出，就可能在另一方面缺點有所顯露，尤其在部分年輕員工身上表現得更為明顯。優點常常伴隨缺點而存在，缺點是優點的不和諧音符。一個想法開放、勇於創新、有魄力的員工，難免有時考慮問題不細膩，顯得不穩重；一個考慮問題比較周全的員工，有時顧慮重重，優柔寡斷；一個有辦事能力、善於交際的員工，有時流於世故，趨於圓滑；一個想法深邃、勤於思考的員工，顯得沉默寡言，難以接近。

這些似乎矛盾的優缺點共存於一體，是人的本性展現。

在堅持德才兼備標準的前提下，用人者應學會容忍員工缺點的存在，不以小惡掩大德。用人如用器，貴在用其長而避其短，如果非要把缺點改澈底了再用，不但錯過了時機，而且他的那個優點也就所剩無幾了。

「人非聖賢，孰能無過」，因此，要用人之長就必須能容人之短。生活中也確實很難有面面俱到的全能人才。有魄力的人，可能粗枝大葉；心細的人，可能手腳放不開；老實肯做事的人，腦袋可能不靈活，算盤珠子似的撥一下動一下；而腦袋靈活的，又可能偷巧賣乖，辦起事來讓人不放心，甚至於有一些人有某種特殊的本領，但在其他方面卻完全一無是處。

這個時候，到底是用「有瑕玉」還是「無瑕石」，就看企業管理者的眼光了。能不為世俗的成見所拘束，吸納形形色色的各種人才為我所用，這樣才能人才濟濟。有了人才，事業才能發展。而且，在留住人才的時候，特別要注意那些遭人非議的人，因為「木秀於林，風必摧之；行出於眾，人必非之」，越是某方面才能出眾的人，他的其他方面的弱點就越容易被人攻擊。

國際著名管理專家說過：「倘要所用的人都沒有短處，其結果至多只是一個平凡無奇的團隊。」所謂「樣樣都可以」，其實必然是一無是處。有高山必有深谷，誰也不可能十項全能，才幹越高的人，其缺點往往越明顯。

人有共性，也有個性，人有能力差異、性格差異、行為差異。用人所長，才盡其用，被用的人就可大顯身手，企業效能也會事半功倍；用人所短，勉為其難，那實在是不明智之舉。「用人如器，各取所長」，只要量才而用，人才必能各有所為。所以，企業要想留住優秀人才，管理者們就必須先把眼光放在這些人的長處上，假如一個企業總是看不到員工的優點，反而往往斥責他們身上表現出來的缺點，並不斷加以指責和批評，那麼這些人早晚會離開公司。

七、投其所好，讓員工熱愛工作

　　人人都有欲求，員工也不例外。只有清楚員工的欲求，並適當的予以滿足，才有可能激發他們在工作中的熱情。這也是企業管理者帶動員工活力、贏得員工尊重最有效的方法。

　　一個人的任何行為，可以說都是為滿足自己的願望和基本需求服務的。有些願望和需求是源於身體的需求，而有些願望和需求卻是需要經過終生學習才能實現。要想讓員工充滿熱情、心甘情願的為企業付出，作為管理者就必須幫他們滿足那些能獲得幸福的願望和需求。

　　心理學家赫茨伯格（Frederick Herzberg）也指出：使員工覺得滿足的因素，和覺得不滿足的因素並不相同。前者大多屬於內在的因素，如成就、被賞識、工作本身、責任、升遷、成長。後者則大抵為外在的因素，如公司政策及行政、監督或管理、待遇、人際關係、環境，以及安全感等等。當員工覺得工作滿足時，他所列舉的因素，多數為內在的。當員工覺得工作不滿足時，他所列舉的因素，則多數為外在的。

　　赫茨伯格認為：我們把造成不滿足的因素去除時，員工未必就會覺得滿足。相反的，我們供應滿足的因素，員工也有可能覺得不滿足。

　　赫茨伯格把內在的因素，稱為激勵因素；外在的因素，稱為保健因素，又名維持因素。外在的維持因素，只能消除員工的不滿與怠工，無法激勵員工更加有效的發揮潛力或者提高工作業績。

　　外在的維持因素有很多，主要如下：

1. 生理的需求方面：合理的待遇和獎金，員工覺得沒有被虧待。合適的工作環境，採光、通風、動線以及相關布置，都應該注意調整，讓員工覺得舒適。正常的工作時間，中間有合理的休息時間。相關的福利設備要齊全，包括身體的保健與休閒、娛樂。

2. 安全的需求方面：職位有保障，意外有保險，退休金也要有著落。

3. 所屬、相愛的需求：與同事相處愉快，覺得人際關係良好。合適的教育培訓，和諧的團隊認同。

4. 尊重的需求方面：基本的互相尊重得到實現，相信只要我尊重同事，同事也一定會尊重我。

內在的激勵因素，重點如下：

1. 員工在團隊內的地位受到尊重。在公司外所獲得的榮譽也被給予肯定，認為這種榮譽對提升公司的形象，有正面的幫助，以此提高他的榮譽感。

2. 衡量員工的業績，給予合理的報酬。在待遇之外，適當給予表彰或獎賞。

3. 工作具有挑戰性，讓員工得以發揮自己的長處，產生有所作為的滿足感。

4. 能夠安心的自動參與活動，不必擔心參與之後，會受到冷落或排斥，相反的，認為自己的自動參與可能會受到大家的歡迎。

5. 氣氛融洽，充滿積極而愉快的精神，覺得前途十分光明，因而樂於追求自我理想的實現。

外在的維持因素，有如噴灑農藥，只能防止病蟲害的侵襲，使農作物免受蟲害產生的負面後果，卻不能促使農作物成長。而內在的激勵因素，好比施肥，如果選用合適的肥料，就可以幫助農作物獲得成長。

這兩種因素看似彼此獨立而互不干擾，其實不然。外在的因素過強，有時就會影響到內在因素的力量。

例如某甲原本十分喜歡做某事，當他做好以後，受到外在的獎勵，某甲反而懷疑自己做某事是為了獲得獎賞，事情本身不太像是自己喜歡做的。而下一次沒有外在的獎勵，自己仍然樂意去做某事，他就會覺得自己原來還是十分喜歡做這件事情，這種內在的激勵，反而帶給他更多的喜悅。由此可見維持與激勵因素是此消彼長，互相影響的。

　　而在另一位心理大師馬斯洛（Abraham Maslow）的眼裡來看，人類有五種主要的需求，由低至高依次為生理的需求、安全的需求、愛與歸屬的需求、尊重的需求，以及自我實現的需求。

　　生理、安全、愛與歸屬以及基本的尊重需求，都屬於維持因素，如果獲得滿足，並不一定能夠引起員工滿足的感覺。一般說來，只是沒有不滿足的感覺而已。因為沒有滿足的感覺，所以不能產生激勵作用。但是，一旦不滿足，就會明顯的反映出來。這種不滿足的感覺，可能會導致員工不滿的情緒，甚至使他們怠工，並不自覺的降低工作意願，從而使生產力降低或工作業績不夠理想。而內在的激勵因素，一旦得到滿足，就會促使員工發揮潛力或提高工作業績。

　　從馬斯洛的需求層次來看，個人榮辱受尊重的需求，以及自我實現的需求，就屬於激勵因素。員工在生理、安全、愛與歸屬、基本尊重等需求得到滿足之後，如果其地位或名譽，被認定或被尊敬，便能夠追求更高層次的自我實現，從而使員工充分發揮自己的潛力，做出一些自己覺得有意義、有價值的事情，亦即會產生激勵的作用。

　　滿足的反面是不滿足。當員工不受他人尊重，覺得其他人不重視自己的榮辱時，就不會去追求自我理想的實現，不願意自動自發的發揮自己的潛力，因此無法產生激勵的功效。

　　所有的員工，都希望自己能從工作中獲得滿足。薪資待遇是滿足其生存需求最重要的一環。有了薪資收入，不僅可以使之感到生活有保障，而且還是其社會地位和個人成就的象徵，具有重要的心理象徵意義。

　　薪資收入對員工產生的激勵作用的效果，還取決於動機層次的高低，尤其是取決於　個人的成就動機。一般說來，低成就動機的員工比較容易為薪資等物質激勵所驅動，而高層次動機的員工則更關心他的工作職位和環境，能否使其得到心理上的滿足。在這個前提下會產生兩種現象：一種是如果工作職

位、環境和其心理需求相一致，則薪資較少員工也會接受；另一種是當工作職位、環境無助於自我實現需求的滿足，員工就會要求得到更高的薪資待遇，來補償失去平衡的心理。所以，如果工作安排能使高成就動機的人感到在工作職位、環境方面得到更多的心理滿足，他就會全力工作而不計較薪資報酬；而低成就動機的人，他們的工作積極性則會隨著薪資待遇的增加而增長，一旦因為某種原因取消或降低了薪資待遇，工作的積極性就會隨之下降。

　　薪資激勵必須貫徹與工作成績掛鉤、獎勤罰懶的原則。薪資水準與工作成果掛鉤，使薪資水準升級的人滿足，沒升級的人服氣。當然，薪資激勵在激發員工積極性方面的作用，還取決於該員工的經濟背景。如果他已經擁有相當可觀的存款和相當優渥的家庭環境，或是出身在相當富裕的家庭裡，一般來說，薪資對他的激勵作用不會很大。這種情況下，滿足其對於工作職位和環境所能達到的心理上的自我需求，對於他的激勵作用更大。

　　當然，並不是所有的人都有物質需求，還存在著一部分人對滿足自己心理方面有極大的欲求願望。這些人在生活中渴望從別人對自己的態度，評價的觀察與感受中，得到自己想要的滿足。比如希望被社會稱讚、被社會承認以及對安全的一種渴望。

　　作為管理者，你就需要記住關於人性的其他特點，也要記住人們所做的任何事都是在實現這些願望。一個人的每一種想法，說的每一句話，做的每一件事，都是為了使願望和需求得到實現。如果你幫助員工得到了這些，那麼，你讓他做什麼，他就會做什麼。於是你也就掌握了用人之道。

　　用人是一門藝術，每位身處其位的管理者都應當明白其中的道理，即用人不是技術，而是根據員工欲求的合理性，來全面帶動其工作的積極性。如果一名老闆能夠盡可能多的把員工的欲求轉變為其工作欲望，那麼，這位老闆就是一位出色的用人專家。因此，只有當管理者清楚每一員工的欲求之後，才能真正的了解員工，才能獲得善用人力的成效。

八、信任 —— 善用人才的大前提

「用人不疑，疑人不用」的古訓，一直是千百年來用人的重要原則，雖然人人皆知，人人推崇，但真的實行起來確也並不是很容易的事。在現代的企業管理當中，這句話最大的分量不是有效的分配人力資本，更多的是一種精神激勵。每當企業管理者們對自己的員工宣稱自己的用人標準就是「用人不疑，疑人不用」時，受重用的員工便會有一種受寵若驚的感覺，他們突然覺得自己受到了信任，繼而心甘情願的為企業效力。

所謂用人不疑，自然並不是指對任何人的能力、人品等等都不存有疑慮。而是說，第一，既然把工作交付予人，就不應該再抱有懷疑態度，而應給予完全的信任，放手讓人去做。第二，由於主觀的、客觀的、各式各樣的原因，導致員工工作失誤，管理者可能會終止信賴行為。但對人的信賴不能終止，還應給予另外的全權責任。要做到這兩條，管理者應該適當切斷自己的後路，以使員工在感情上、心理上、行動上，與管理者建立起交融與共的信賴關係。

上級下達工作的指令，員工埋頭苦幹，照章辦事。在多數企業裡，這樣的場景已見怪不怪。在這類企業中，員工唯一的目標彷彿就是做好分內的工作，其餘事情再與自己無關，思維不願進一步擴展，更鮮有員工跨越雷池，與上級主管進行工作上的討論。久而久之，工作的主動性、積極性開始呈現明顯滑坡之勢。這種狀況說明了什麼？說到底，這是由於企業管理者長期以來的一個態度決定的，那就是 —— 疑，對員工並不信任。如此的態度，使員工的自尊心與歸屬感日益減小，企業離心力逐步增大就成了必然。倘若企業上下級之間能進行換位思考，與員工建立起彼此信任的關係，在企業建立起一個上下信任的平臺，無疑會增加員工的責任感與使命感，激發員工內在的潛能。

再來讓我們想想怎麼切斷「疑」的這條路？

（一）斷疑人之路

企業管理中出現的信任危機，大多是來源於好事者、多疑者、挑撥者、離間者等人向管理層進言之時發生的。此時，如果管理者對被非議的對象沒有切實的信任，那麼，在這種時候，信任感往往是要動搖的。批駁進讒言者，繼續信任被非議的對象，則會得人得心。否則，失去信任，終止信任行為，信任感就沒有了。人才便由此與你若即若離，或離你而去。

曹操雖是個多疑之人，但朱越誣陷衛臻曾與他密謀造反，曹「固自不信」，使朱越讒言自破。有人造程昱謀反，「曹操賜待益厚」，程昱更加忠心。有人告蔣幹圖謀不軌，曹立即駁斥：「妄引之耳。」諸葛瑾與諸葛亮是兄弟，一忠於孫權，一效於劉備。有人說諸葛瑾有通敵之嫌，孫權說：「孤與子瑜（諸葛瑾）有生死不易之誓，子瑜之不負孤猶孤不負子瑜也。」他們在別人進讒言時，當即切斷疑人之路的精神是可貴的。

用人疑人有時還會被對手利用，達到其不可告人的目的，這樣的例子不勝枚舉。

就像三國裡，曹操揮軍八十萬直逼孫、劉的聯合部隊於赤壁。周瑜就是利用曹操疑心重的心理，以一招反間計讓曹操殺了熟於水戰的蔡瑁、張允，除去了最大的威脅。

因此，在面對別人對員工的言論時，一定要謹慎思考，小心不要被別有用心之人所利用。

（二）斷知短之路

用人宜揚長避短。揚長用長是用人的最佳方法，也是避短的最好途徑。作為管理者應該了解員工的短處，以便避短就長，還可適當引導，縮短

助長。

如果把西天取經作為一個專案來看，觀音菩薩為專案確定了四個執行者，唐三藏、孫悟空、豬八戒、沙悟淨。在取經過程中，我們都能看出，這幾個人分工合作，優勢互補，充分發揮了各自的專長。在打造這個團隊的時候，觀音菩薩充分考慮到了團隊整體的知識結構、特質結構、專業結構、能力結構等多種因素。如果在一個團隊裡都是老好人（如唐三藏），或者都是能人（如孫悟空）還是不夠的，需要各種角色參與其中。以忠誠可靠、意志堅定的唐三藏為領導者掌握方向，團隊中既要有能衝鋒陷陣、敢打敢拚的孫悟空，也要有扎扎實實、任勞任怨的沙悟淨，還要有時不時對能人潑潑冷水、關鍵時刻又能鼎力相助的豬八戒。如果不是這樣的團隊，是不能在歷經十三個寒暑、經歷九九八十一番苦難之後，取回真經的。

但是，當有人進讒言議論別人短處時，則應避而不聽、斷然拒斥。即使聽到他人議論員工短處，也應淡然處之，不予理睬。這種冷處理，一是要表達用人不疑、堅定信任的態度；二是不讓雜言穢語干擾自己的用人部署；三是可以淨化用人環境，讓人把注意力集中在工作上。現在，一些上司聽風是雨，有的還以匿名信為據亂查無辜，根本原因是對人沒有基本的信任，更不懂得要斷知短之路的道理。

（三）斷知情之路

在某些情況下，主要是下級發生了有悖於、有負於、有礙於自己的錯誤行為時，作為其上級主管在已經察覺的情況下，可以斷絕自己進一步了解或徹底調查的知情之路，漠然處之，不追不查，以此來感化下級，促其反省。有時候人不能太聰明，太清楚，得偶爾裝一下糊塗。現實人生確實有許多事不能太認真，太較勁。特別在涉及人際關係方面，錯綜複雜，盤根錯節，若是過於認真或者執著，有可能不是扯了後腿，就是動了筋骨，越搞越複雜，

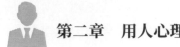

越攪越混亂，不妨順其自然，在不喪失原則和人格的情況下，裝一次糊塗，或者為了大局和長遠，暫時忍耐一時，受點委屈，也值得，心中有數，就絕對不會是荒山。這不但是用人的最高境界，也充分顯示出管理的魅力。

曹操在與袁紹官渡之戰時，繳獲了許多自己部將寫給袁紹的效忠信，這些人想在兵敗時為自己留下一條退路。但曹操獲勝後連看這些信都沒看一眼，就令人付之一炬，以斷人後顧之憂，也斷了自己知情之路。這可稱之為經典一例。

（四）斷失職之路

一些企業之所以不敢大膽用人，除了作風不務實，較少了解人的基礎性工作外，重要的原因是怕用錯人承擔責任。應該說，這樣怕承擔責任怕丟了烏紗帽的心理主要還是氣魄、膽識、意識等的問題。所謂斷失職之路，就是不去考慮個人承擔責任之事，橫下心來用人之長。

在營救駐伊朗的美國大使館人質的作戰計畫失敗後，當時美國總統即在電視裡鄭重聲明：「一切的責任在我。」僅僅因為這句話，卡特總統的支持率上升了10%以上。

員工最擔心的就是做錯事，特別是花了很多精力卻又出了錯。但是這個時候，老闆來了一句這個責任在我，那對這個員工又是何等心境呢？

（五）斷失誤之路

企業管理者用人還有一個擔心，怕下級發生過失、錯誤，造成大的損失。這會帶來三個後果：

1. 輿論、媒體認為這是決策失當，企業上層應負責任。
2. 造成損失，可能對工作帶來嚴重的後果。

3. 失去威望。

每個人都有可能出現失誤，領導者、管理者也不例外。出現問題，首先要分析是何種問題，不分青紅皂白的訓斥只會更加打擊士氣。從品質與數量的角度，從主要與細部的角度，逐一分析失誤產生的原因。同時，對待損失也不可意氣用事的只看數量，而是要結合失誤者的整個工作，從而確定損失所占工作總量的分量。如果損失比重不大，而失誤者所創造的價值又不小，那麼就不存在處分的必要性。至於對失誤者的處分，如果這次失誤能糾正他的觀念、認知，許多處分也實屬是庸人自擾。

用人斷自己的後路，確實是需要勇氣、魄力的，但首要的是認知問題。因為凡想成就一項事業，就需要人，而用人又只有信任才能最大限度的激勵和發掘人的潛力，除此之外，不可能把人聚攏在自己周圍，形成合力，以造就大的事業。

從商場回望古代，其實我們可以看到，無論是治國還是管理企業，它們的理念都是相通、相似的。歷史作家易中天先生之所以說「曹操乃好老闆也」，就是因為曹操懂得用人、管人的道理。「爭天下必先爭人」，數千年前如此，如今的商業社會亦是如此。曹操之所以能夠稱霸一方，除了其膽識過人之外，更在於其用人之道。也就是說曹操善於「洞察人性、洞悉人心」。他知道他的將士跟著他出生入死是為了什麼，有時候感情的維繫比利益的維繫更為重要。此時此刻，拋出一些肺腑之言，的確可以鼓舞士氣，甚至籠絡人心。現代社會，人心浮躁，對員工來說，薪資、職位、福利等個人利益似乎是人們最終追逐的。但有一個規律是，「人才擇賢主而歸附」，只有在一個好「賢主」手下工作，才能實現自己最大的人生價值。

所以各位成功管理者也請不要忘記，無論什麼時候，收攏人心都是非常重要的一環。所以，從這個角度上來講，企業應該宣揚「用人不疑，疑人不

用」的用人原則。但想要做到「用人不疑，疑人不用」，就必須首先切斷自己懷疑員工的後路！

九、善待「異己」，化「敵」為我用

「開口便笑，笑古笑今，凡事付之一笑。大肚能容，容天容地，於人何所不容！」這是何等的氣度與胸懷！「世界上最大的是海洋，比海洋大的是天空，比天空大的是胸懷。」人的胸懷之所以寬廣，正是因為有了寬容。所謂寬容就是寬大有氣量，是對人對事的包容和接納。古今中外，凡能成就大業者，多是心地坦蕩、胸懷寬廣之人。胸襟寬，就是要有崇高的理想信念和精神境界，虛懷若谷的胸懷，海納百川的氣度，能容人容己容事，「能忍人之所不能忍，乃能為人之所不能為」。

俗話說：「宰相肚裡能撐船。」在企業管理中，這句話也同樣具有效力，憑藉自己的廣闊胸襟寬待「異己」，這對於企業發展有百利無一害。有的時候，某些人在觀點、思路等方面與自己有很大的分歧，但他並不是一味的反對，而是透過自己的想法提出意見，並非所謂的「故意作對」。「異己」存在就是監督者存在，他能指正我們錯誤，使我們更加廉潔自律；「異己」存在就是不同觀點存在，能拓寬我們眼界和思路，促使我們把工作做得更好。一個人胸襟寬不寬，主要就看能不能容納和善待「異己」。

容納和善待「異己」，是一個領導者應當具備的胸懷和品格，也是其有遠見卓識的表現。在企業管理中最忌諱的一點就是感情用事。很多企業領導者往往根據自己的喜好用人做事，結果造成部下離心離德。如果領導者能重用或重賞自己討厭和與自己作對的異己分子，則能顯示出大度寬容的胸懷度量，產生非凡的收攬人心之效。

有的人就認為眼睛裡不能有沙子，團隊裡不應該有異己。有人如是說：

「眼睛裡不能有沙子，這一點大家肯定認可。眼睛是人體重要的視覺器官，它嬌嫩、它敏感，哪怕是一粒非常細小的沙子，也足以讓你無法忍受，你得想方設法把它弄出來。」許多的人都把對手視為心腹大患，是異己，是眼中釘，肉中刺，恨不得馬上除之而後快。其實只要反過來仔細一想，便會發現擁有一個強勁的對手，反而是一種福分，一種造化。因為一個強勁的對手，會讓你時刻有種危機四伏的感覺，會激發起你更加旺盛的精神和鬥志。很多時候，「異己」者帶給我們很多好處。例如：提供了更開闊的視野，激發起你更強大的力量等等。現實生活中，你認為他是處處跟你作對的異己，實際上他卻是你的知己；你認為他是眼中的沙粒，他卻是蚌殼內的珍珠。只是他在看待事物，分析事物，處理事物的觀點和方法上與我們「另類」，常常和我們產生分歧，我們應該發現他，容納他，善待他。

企業上下級之間有著不同的心理。作為上級，必須仔細研究下屬在各個時期的心理狀態，因時施方，詳察眾心，想方設法找到最有爭議的人物，用他來顯示自己的胸懷，消除眾人的疑慮、平衡各種關係。

劉邦舉兵之初，正逢艱難之際，雍齒的叛變使得劉邦最為寒心，嫉恨終生。劉邦時時想殺死雍齒以解宿怨，但總是念他功高，但更主要的是劉邦從大局出發，這才使得雍齒並未遭到殺害。

劉邦平定天下之後的一天，在洛陽南宮邊走邊觀望，只見一群人在宮內不遠的水池邊，有的坐著，有的站著，一個個看上去都是武將打扮，交頭接耳，像是在議論著什麼。劉邦很是奇怪，便把張良找來問道：「你知道他們在做什麼嗎？」

張良毫不遲疑的答道：「這是要聚眾謀反呢！」

劉邦大吃一驚：「為什麼要謀反？」

張良平靜的說：「陛下從一個布衣百姓起兵，與眾將共取天下，現在所封的都是以前的老朋友和自家的親族，所誅殺的是平生自己最痛恨的人，這

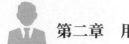

怎麼不令人望而生畏呢？今日不得受封，以後難免被殺，朝不保夕，患得患失，當然要緊張，聚眾謀反了。」

眼見自己的帝位不保，劉邦非常害怕，問道：「那怎麼辦呢？」

張良想了一會問：「陛下平日在眾將中有沒有出現過對誰最恨的印象呢？」

劉邦說：「我最恨的就是雍齒。我起兵時，他無故降魏，之後又自魏降趙，再自趙降張耳。張耳投靠我時，才收容了他。現在滅楚不久，我又不便無故殺他，但想來實在可恨。」

張良立即說：「好！立即把這個看起來似乎很有爭議的人封為侯，就可解除眼下的人心浮動。」

劉邦對張良是極其信任的，他對張良的話沒有提出任何疑義，他相信張良的話是有道理的。幾天後，劉邦在南宮設酒宴招待群臣。在宴席快散時，傳出詔書：「封雍齒為什方侯。」

雍齒真不敢相信自己的耳朵。當他確信真有其事後，才上前拜謝。雍齒被封為侯，非同小可。那些未被封侯的將吏和雍齒一樣高興，一個個都喜出望外：「雍齒都能封侯，我們還有什麼可顧慮的呢？」事態的發展果然不出張良的所料。不僅雍齒，連其他武將都被這一手段牢牢的籠絡住了。日後在呂后篡權，企圖發動以呂代劉的政變之時，也多虧了這些武將們赴湯蹈火，為再造漢邦立下了赫赫功勳，保住了劉漢王朝的正統血脈。

在企業管理過程中，管理者們對待「異己」應該容納和善待。成功的管理者往往是胸襟寬廣，善聚人心的。胸襟寬不寬，主要就看能不能容納和善待「異己」。這也是拓寬眼界和思路所必須具備的。試想，什麼事都「全體一致」，只有「一種聲音」，眼界和思路又能寬到哪裡呢？因此，請容納

和善待「異己」。他們的聲音會為企業決策帶來更寬廣的視野、更全面的思路。

十、替下屬撐腰，他就會更加忠心

在某種程度上，員工願意忠心的跟隨自己的上級，並不是因為其權力地位有多大多高，而是因為他能夠在員工出現錯誤的時候為其撐腰，具備勇於為員工承擔責任的氣概和魅力。現代社會裡，員工就好比只是掛名在公司的自由契約者，很多利益和尊嚴都得不到保障。當發生這種意外時，如果能夠得到企業的庇護，他們在心理上無疑將會獲得莫大的安慰。能在出現錯誤時站出來替他們撐腰，此時的關懷更會令員工感動，更會增加對你的感激和依賴感，換來的是對你的忠心和對工作的幹勁。

某科長在公司裡並不受員工的擁護，原因只有一個 —— 他總動不動的訓斥人。有一天，處長不高興的走進辦公室，怒氣沖沖的責罵前幾日寫了一篇報告的人：「你寫的這是什麼東西。」辦公室裡頓時嚇得鴉雀無聲。就在此時，那位經常指責員工的科長卻站了起來，面對比自己高一級的處長堅定的說：「這是我要他寫的，責任由我一個人來負！」

這件事過去後，該科的氣氛完全改變了，科長雖仍如同過去一般動輒破口大罵員工，但科員們對科長的態度卻已與從前大為不同。因為，他們意識到：「科長是真的在替我們著想。」上下級之間產生了強烈的信賴關係，整個辦公室因此充滿朝氣。

替下屬撐腰，是一個成功的上級所應具備的品格。

如果領導者能夠做到這一點，便能夠充分得到員工的信任。員工若覺得工作有安全感，就會更加積極的工作。稱職的企業管理者就是勇於替員工承擔起全部責任，讓員工放下心中的包袱，減輕他們的壓力，讓他們輕裝上陣。

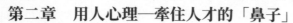

當然，替員工做主，有時甚至「袒護」員工也不是無原則的。

那麼，處於怎樣的情況下，方可對員工進行「袒護」呢？

（一）嚴格掌握「護」的臨界線

袒護員工，其用意當然並不是出於喜歡或者縱容員工，而是作為一種感情投資。它的前提條件必須應該為下面四個目標服務：

第一，是為了更加發揮和利用員工的長處。

第二，是贏得人心。

第三，大大提高自己在員工中的聲譽，有意識將自己塑造成寬厚、豁達、有人格魅力的形象。

第四，是為了實現某個既定的管理目標而做出的「投資」。

因此，在權衡利弊、決定取捨時，管理者必須本著得大於失的行為準則來行事，只有當袒護這一行為本身不超過某條界線時，這種袒護才是有價值而且可行的。在通常情況下，袒護時應嚴格把握以下三條界線：

1. 必須有利於實現公司制定的管理目標，而不是有礙於實現這一目標。

2. 必須有利於充分發揮和利用員工的長處，而不是縱容、誘發員工的短處，以至於影響和限制了員工的長處。

3. 必須能被周圍的人所理解和接受，而不是激起多數人的反感和憤慨，加劇人與人之間的矛盾。

在上述三條界線中，最重要的是第一條。在正常情況下，管理者應兼顧這三條界線，盡量從嚴掌握。

（二）靈活掌握袒護的程度

在不超越界線的前提下，管理者在具體運用這一方法時，面臨著十分廣闊的選擇餘地。這時候，作為一個精明的老闆，就應該充分利用手中執掌的

選擇權、靈活掌握袒護的程度，放手大膽的袒護自己的員工。例如：

1. 在可寬可嚴的情況下，只要員工認知良好，其他員工又能諒解，就應從寬處置。

2. 在可早可晚的情況下，對於員工的過失，不妨拖一拖，擱一擱，待事後再做處理，或者給員工一個將功補過的機會，視其表現如何，再做處理。

3. 在可高可低的情況下，不妨將員工的缺點評估得低一些，將員工的過失性質評估得輕一些，充分利用「彈性」做出偏袒員工的抉擇。

4. 在可大可小的情況下，對於員工的短處或過失，不妨大事化小、小事化了，盡量縮小處理的規模以及處理後產生的影響面。

　　靈活掌握袒護的程度，是在合理的選擇範圍內進行的，它利用的是人們的認知彈性和行為彈性，而不是人們的認知誤差和行為誤差。在具體運用袒護這一手段時，應該充分注意這一點。否則，就會產生差錯，出現重大失誤。

（三）要讓員工知道你在「護」他

　　獲取理想的袒護效果，不僅需要嚴格掌握界線，靈活掌握選擇程度，而且還需要巧妙運用各種最有效的方法，恰到好處的將你的用意傳遞給員工，使員工既能明白你為什麼要偏袒他，以此極大的激發起他的積極性和創造性；又能使員工在不感到難堪的情況下願意接受你對他的偏袒，從而最大限度的保護員工的自尊心和自愛心。這就需要在你袒護之後讓他知道你在護著他。當然，也不一定非要用語言來點破，或主動找員工談話，讓員工感激自己。在若無其事中傳遞了這種資訊，往往更能收到施恩而無痕跡的最佳效果。

（四）認真看清、選準最有袒護價值的員工

　　不看對象盲目袒護，亂發慈悲，是管理的大忌。袒護與嚴格要求、獎懲分明，是企業管理實行最有效的兩手。只有認定某員工確有袒護價值時，才

能去偏袒這個員工。

因此，要想員工更忠心於你，就請你適時的站出來為你的員工撐腰，他們一定會為你的人格魅力所折服，不妨試試吧！

十一、情感管理 —— 加深上下級感情

增進企業上下級之間的感情，這是在現代企業管理中所逐漸共同認知的。由此，一種新型的管理員工方式出現，那就是「情感管理」。情感管理的提出，符合目前潮流的人性化管理手法，這不僅提高了員工對企業的依賴性，更加有利於形成和諧的工作氛圍。企業領導者用真摯情感管理員工，而不是依靠強制性的制度去管理，這已經是新時代的高效率員工管理方式。

情感管理可以籠絡人心，激發員工工作的熱情和積極性，它雖然不能成為管理的全部內容，但它卻可以使其他所有的管理措施更加容易實施，它被視為制度管理中的潤滑劑，能夠更加有效的為企業留住優秀人才。

情感管理是最能展現管理的親和力的方式，其核心是激發員工的積極性，消除員工倦怠消極的情緒，透過情感的雙向交流和溝通，實現更加有效的管理，也是留住人才最有效的方法之一。情感管理在現代企業運作中的作用已經逐步被人們所認識。

想要做好情感管理，那麼企業領導者們就必須投入高度的感情，更加了解員工的生活等諸多方面。當其他方面順利解決後，員工的工作積極性也勢必會逐步提高，因此情感管理被認為是一種亟待開發的企業人力資源。企業實施情感管理和留住人才，發自內心的建立「企業關心員工、員工關心企業」的情感，讓企業處處充滿著愛的氛圍，使員工常常體會到企業的溫暖。積極發揮情感因素的感染作用和激勵作用，使員工心甘情願的好好工作，使其心甘情願留在公司，並以高效益的工作回報企業。

那麼，如何才能做好情感管理呢？

企業的領導者要關心員工的生活，讓員工體會到屬於來自於企業的溫暖。只有獲得了溫暖，人才能擁有感激之心，這對於企業凝聚力的提高，無疑是最有效、最直接的辦法。如果企業在處理與員工之間的關係時，可以巧妙的將情感融於日常生產、生活中，那麼便能夠大大縮小企業與員工的心理距離。很多企業追求工作環境的完美，甚至花費鉅資建設「花園式」企業，並建立和完善各種富有人情味的工作設施，千方百計提高員工生產、工作的舒適度，夏有空調，冬有熱水，設備服務品質不斷改善提高。並建有交流中心，供員工推展企業文化、文化活動，使員工生活溫馨和諧，這就是情感管理的表現。有員工說，企業就是一個「放大的家」，這也是企業能留住員工的優勢之一，企業應當持之以恆的做好這方面的工作，使員工的心靈得到溫暖。作為企業的管理階層，要讓情感發端於心，熱誠待人。在企業的情感管理中，要熱心而又親切，只要熱情對待員工，就會很快打開員工的心扉，使兩者的感情得到更進一步的昇華。

企業管理過程中，想要將情感管理全面做好，就應學會傾聽員工的意見，讓他們能夠自由表達出對於工作的種種想法。員工的利益是與企業發展狀況息息相關的，因此，企業發展的每一個步驟都應有員工的參與，這樣員工知道所做工作的目的，才能立足職位，全心全力投入到工作中去。有的企業在公司內設立「總經理信箱」，員工心中有想要傾訴的事情和建議，都可以越級向總經理反映，總經理會親自批閱解答員工提出的問題，從而形成快捷的回饋管道和機制。有的企業老闆重視問卷調查，經常了解員工平時想什麼？員工最迫切需要解決的困難是什麼？怎樣的領導者最受員工歡迎？在公司裡，什麼事情使員工最高興？什麼事情使員工最煩惱？你想出什麼好的意見來提高和促進企業的效益？一期一期的意見調查，不留姓名、不記單位，

大家暢所欲言、實話實說，調查的結果既實在又富有針對性。公司對員工的意見或建議，都要落實處理，不管涉及什麼職能部門和個人，都不能互相推諉，要最大限度的讓員工減輕心理負擔和生活負擔，能夠集中更多的精力投入工作，心情舒暢的為提高公司效益做出貢獻。

摩托羅拉就是善於用情感管理鼓勵員工，留住人才的成功企業之一。摩托羅拉的總裁保羅‧高爾文（Paul V. Galvin）是個極具人格魅力的人，他除了對為他工作的員工十分關懷、以誠相待以外，還十分珍視並忠誠於和同事之間的關係，這就是為什麼許多極具才華的人對他懷有深厚的感情，並且願意追隨於他左右、幫助他成功的最主要原因所在。

首先，高爾文非常重視人的情感和尊嚴，他非常注重獎勵那些有創造能力的人，並一直認為勇於負起責任的人才會在員工中間樹立起威信。他曾經親自干預員工的酗酒問題，他打電話把酗酒者叫來，與他們談話，試圖說服他們接受適當的治療，以擺脫酗酒的惡習。

高爾文不僅關懷自己的員工，他還注意並去關懷員工的家屬。當他聽到有員工家人生病時，他會打電話探詢：「你真的找到最好的醫生了嗎？如果有問題，我可以向你推薦這裡治療這種病最好的醫生。」由於他的努力，許多按常理很難請到的的專家被邀請來了，而且在這些情況下，醫生的帳單一般直接由他支付。

除此之外，高爾文還自己拿出錢來，替一個家境困難的員工繳納子女上大學的學費，這些子女畢業後，大部分也來到摩托羅拉工作。他還曾為一個員工的妻子繳納分娩費用；讓一位員工回家照顧他身患癌症的父親，並全額發放薪水……

高爾文還非常樂於將自己的好運與別人共享。在經過最初的幾年艱苦奮鬥後，企業終於開始有利潤了。高爾文就告訴和他共同創業的人，在他們薪

資之外，應當分到公司增加的財富。他要他們理解，在公司未來的歲月中，他們會一直受到公平的對待，也就是說，高爾文要送給他們每人一些股票。他告訴自己的員工：「我要你們的生活有所渴望，我不要你們跟我一輩子，只靠薪資為生。我希望你們和你們的家庭在公司中也能夠成為股東。」

高爾文一直把公司和員工看作自己的生命。因為他強烈的意識到他只有用真誠的情感說服他的下屬，讓他們認知到「只有與員工加強情感溝通，讓他們知道公司會給他們保障，優秀的人才才會願意留在公司」，正是由於高爾文的員工對他表示的尊敬與愛戴，來感謝他對他們的關懷，才使得他能夠排除種種障礙獲得成功。沒有那些在艱難困苦的創業年代裡與員工建立起來的忠誠，和他們做出的不懈努力，摩托羅拉也就不可能創造出後來的輝煌。

「人是有感情的動物」，這使感情留人具備了可行性。感情是維繫員工關係的關鍵，溝通是建立良好人際關係的橋梁。只有經過日常工作中的相互溝通和感情交流，員工間的相互合作才能配合默契，這一切離不開企業的支持，因此企業在這方面應力爭創造更好的環境為他們服務。寬鬆、和諧的工作環境，能為員工帶來輕鬆和愉悅感，更有助於工作效率的提高。

此外，企業對員工日常生活的關心，和對工作中出現的難題的及時援助與解決等，都會在員工的大腦裡留下良好的印象，久而久之就形成一種知恩必報的意識傾向。大量資料顯示，這種「士為知己者死」的意念在這些優秀人才中表現得尤為突出，因此企業要學會用感情留人。

曾有這樣一段話：「留住人才策略的目的應該是確定忠心耿耿的員工，並在對公司和員工雙方都有利的時期內盡可能留住他們。就員工對於忠誠度的感想而言，對企業、團隊和一項事業的忠誠與過去忠於建築物上的名字或某個品牌一樣，沒有任何分別。」因此，任何留住人才的策略都必須由 CEO 來親自執行，而不僅僅是依靠人力資源部門。

一位教授說：「人們往往認為是金錢，其實並非如此。員工在某一段時間內會關注薪水，但當員工對工作失去了興趣之後，單單靠金錢是無法留住他們的。」

優秀的員工，是企業進一步發展的根基；而透過感情留住優秀員工的心，這遠比單純的物質、金錢，更加能夠提高他們的歸屬感與認同感。因此，為了挽留員工，管理者要更加注重情感管理的應用，在解決員工的生活問題時，更多獲得了一份人心。

對於情感管理，企業的著力點有很多，非三言兩語能夠說盡。作為管理者要深切體會到「情感」是企業員工對企業的一種極其微妙的心理體驗，情感因素對人的工作積極性以及人際關係都具有重要的影響。只要管理者注意到了員工情感上的細微變化，在恰當的時機實施情感誘導，精心培養企業和員工之間的感情，積極滿足員工情感上的需求，努力增強企業的親和力，那麼就會為企業的興旺發達打下堅實的人力基礎。

第三章

激勵心理 ── 用「薪」不如用「心」

說到激勵，很多人就會想到「薪水」和「獎金」，金錢固然重要，但是在企業管理中，要想充分激發員工的積極性，還必須掌握其他的激勵方法，尤其是那些無「薪」的激勵。這更能展現出企業管理層的領導力和企業的管理水準。

一、激勵要有針對性，因「人」制宜

在現代的企業管理模式中，少不了對員工激勵這塊。激勵是企業管理的重要部分，在管理的教科書中，有很多的激勵理論，但無論哪種理論，其作用都是有限的，都不可能適用任何時期的任何情況。激勵的最大難處是如何保持激勵的有效性，往往一種激勵方法對這個人有效，對別的人就不起作用；或者在一個時期很有效，過了一段時間就沒有什麼效果了。這裡面最主要的原因，就是沒有考慮到激勵的針對性和持續性。激勵的關鍵是要與被激勵者的期望相符，否則再好的激勵也是沒有作用的，而每個人的期望又都是不同的，在每個階段的期望也是不同的。矛盾的特殊性就決定了激勵要有針對性。

校園的松樹下圍著一群人，小胖揪著一男生的衣領掄拳要打，一位老師疾步趕來，擠進人群厲聲制止，並責令小胖到他的辦公室裡等候處罰。沒多久，當老師走進辦公室時，小胖已經到了。令小胖出乎意料的是，老師掏出一塊糖，遞給他：「這是獎勵你的，因為你比我早到了。」接著，老師又掏出一塊糖遞給小胖，說：「這也是獎勵你的，因為我不讓你打同學，你馬上就住手了，說明你很尊重我。」這時，小胖將信將疑的接過糖來。隨後，老師鄭重其事的說：「據我了解，你要打的同學在之前欺負了女生，說明你很有正義感。」隨即掏出第三塊糖獎勵他。小胖終於忍不住，哭著說：「老師，我錯了，同學再不對，我也不能出手打他啊！」結果，老師又拿出第四塊糖說：「你已經知錯，再獎勵你一次。我的糖送完了，我們的談話也該結束了。」

所謂「鼓勵使人進步，打擊使人落後」。試想，如果這位老師對這名男生一開始就是一頓劈頭的大罵或嚴厲的懲罰，學生還能心服口服的承認錯誤嗎？顯然，不太可能。而這位老師卻用了最聰明的方法 —— 獎勵和誘導，教育了學生。古人云：「舉大事者必以人為本。」從人性的角度來看，這位老

師遵循了「以人為本」的理念，用人性化的柔和手法化解了衝突，同時激勵了學生。可謂一箭雙雕！

M 公司的工廠員工絕大多數是當地的女性基層操作員，也有一些技術人員和管理人員，公司對待這兩類員工的激勵做法是截然不同的。一般的操作員從事的工作只是簡單的裝配，公司按照她們工作完成的情況給予薪酬，除此並無其他獎勵。而對於那些技術人員和管理人員，公司除提供高薪資外，還有許多福利待遇，如租金低廉的公寓，各種福利保險等，同時還有許多培訓的機會，更重要的是，公司要他們提出希望得到的獎勵，並盡量給予滿足。

公司對不同的員工採取不同的獎勵方法是不無道理的。通常來說，一般的基層員工要求相對側重物質層面的報酬，對他們採取物質獎勵能更加滿足他們的要求，並且基層員工通常從事簡單的勞動，創造價值相對比較低，所以對於他們採用物質激勵是適用的、經濟的。相反，高層次的技術人員和管理人員，來自於內在精神方面的需求會更多一些，而且他們是企業價值的高層次創造者，公司希望將他們留住。因此公司除了盡量提供優厚的物質待遇外，還應注重精神激勵（如優秀員工獎）和工作激勵（如晉升、授予更重要的工作），創造舒適的工作環境，提供有挑戰性的工作，來滿足這些人的需求。

許多企業在實施激勵措施時，並沒有對員工的需求進行認真的分析，「一視同仁」的對所有人採用同樣的激勵手法，結果適得其反。

某研究單位機制落後，在激勵員工方面沒有認真分析對待，研究人員和行政人員一樣的物質待遇，研究人員得不到實質的尊重和地位，積極性受到打擊。有一位熱心鑽研的研究人員，經過兩年的辛勤勞動，獲得了一項很好的科技成果，也得到了相應的物質獎勵，但是對於這項成果的市場推廣，單位並沒有特別的重視。這位研究人員不久就離開了單位，因為他需要的並不只是獎金和表揚，而是事業的成就感。

　　這個案例說明，對於不同的個體應當具體分析，採取不同的激勵方法。有針對性的激勵措施往往會令事情事半功倍。

　　有效的管理必有有效的激勵。但在管理實踐中經常會發現，管理階層本以為可以有效帶動員工積極性的激勵措施卻不見效果，究其原因，主要是因為激勵措施缺乏針對性所致。激勵是一把雙刃劍：既可以是很好的工具，也可能傷及自身。增強激勵措施的針對性，是進行有效激勵的關鍵。正所謂「特別的愛給特別的你」，企業就是要將特別的獎勵給特別的員工，充分的促動每一位員工的積極性，才能為企業帶來更大的經濟利益。

二、始終保障員工利益，方可得人心

　　「員工利益無小事」，這句不單說的是薪水和獎金問題，更關鍵的是公司要為員工提供成長的空間，成功的機會，安全的保障，以及榮譽地位等各方面的關懷和滿足。

　　確保員工利益不是說直接給員工薪水就可以了，而是要在經營管理中，即使企業處於困難境地，也不會犧牲員工利益來減少企業的損失。員工利益和企業利益要保持一致，只有員工利益得到保障，員工才會繼續留在公司效命，同時，員工的工作熱情也就很容易被帶動起來，這樣企業利益才會有保障。

　　1920 年，由於經濟蕭條，很多工廠被迫停產或者倒閉。而當時規模還很小的松下電器不僅沒有被這場災難打垮，反而得以蓬勃的發展起來了。松下買了很多土地，蓋廠房，修建住宅，設立事務所，擴招員工等等，這一切不僅令業界為之矚目，更為之感到好奇。那麼，是什麼樣的原因讓松下創造了奇蹟呢？

　　由於在當時的日本，電子電器是一個新興領域的朝陽產業，選擇這一行業的松下電器受到的損失並不很大。與此同時，其他一些行業則出現了工廠縮小、倒閉；員工被減薪、解僱；勞資糾紛不斷；優秀人才流失過多等情況。

松下並不理會到處瀰漫的這場危機，反而繼續擴充自己的事業。已經擁有 3 處工廠、300 多名員工，但他仍然不滿足。他又在大阪買下了 8 萬平方公尺的土地，大規模的建設公司總部、第四工廠及員工住宅……直到 1929 年底，松下電器才感受到了危機的壓力：銷售額減半，倉庫裡堆滿了滯銷品。糟糕的是，公司剛剛貸款建了新廠，資金極端缺乏，若滯銷情況持續下去，不久後，整個松下電器也逃不脫倒閉的命運！松下本人也積勞成疾，病倒在床。

面對公司的困境，當時代理社長職務的井植歲男等高階主管，去向休養的松下匯報他們研究的方案：為應付銷售額減少一半的危機，只好減少一半公司生產量，員工也必須裁減一半，這樣可以把省下的薪資給那些更為優秀的人才。這是一個最通用的工廠度過難關的方案。

松下深刻的認知到要對付經濟危機，讓自己的公司度過難關，根本就不應該把自己的目光緊盯在「錢」上，而是要穩住人心，靠整個公司的人齊心協力，共同度過難關。他覺得：國家與企業越不景氣，就越要放寬資金，擴大生產，擴大就業。如果大家都不蓋房子，木匠就沒有工作做，只好遊手好閒過日子，成為政府「緊縮政策」的犧牲品。松下的意思是：「生產額可以減半，但員工一個也不許解僱。將工作時間減為半天，但員工的薪資全額給付，不減薪。不過，員工得全力銷售庫存產品。用這個方法，先度過難關，靜候時局轉變。」

「可以不解僱員工，但是既然只工作半天，就該減薪一半。員工不會有意見。」有的主管建議。

「半天薪資的損失，是個小問題。使員工們有以工廠為家的觀念才是最重要的。所以任何員工都不得解僱。」松下十分肯定的說。

當員工們聽到松下的指示，無不欣喜，因而人人奮勇，個個盡力，拼全力銷售工廠庫存的產品。即使已經有很多公司願意高薪「挖角」，也沒有人想離開。松下的方法靈得讓人吃驚。由於員工的傾力推銷，公司產品不但沒

有滯銷，反而產生產品供不應求的現象，創下公司歷年來最大的銷售額。就在這場世界經濟大危機中，別人的工廠紛紛倒閉，而松下，繼興建第四廠之後，又創建了第五、第六工廠！

「人才是我們的第一投資」，這句話的意義就在於企業要致力於為員工創造最大的利益，並讓所有員工認知到自己的利益所在，高度團結在一起，自覺融入到企業的共同事業中，並為之努力奮鬥，在實現個人價值和利益最大化的同時，為企業創造最大利益。在為企業創造利益的同時，為社會創造最大價值。「員工利益」是整個利益鏈中的關鍵一環，發揮著承上啟下的重要作用。它關係到企業的生存與發展，影響到股東的利益，決定著企業的社會價值。

經營企業，若把賺錢發財當作頭等大事，那只能做一個目光短淺的小生意人，這樣的企業肯定做不大，因為在老闆眼裡看到的是「錢」，心裡想到的也只是「錢」，在他眼裡和心裡沒有員工，也就根本不會重視員工的利益。大家知道，企業的利潤和財富，主要是依靠員工大眾創造的，應該說，員工大眾的創造力是企業利潤的泉源，而員工本身的利益和各種需求的滿足，才是激發員工不斷努力發奮工作的根本驅動力。老闆若只想著要員工為其個人或企業發財致富賣命，而置員工的利益於不顧，那一定是在自絕於員工的信賴，必然適得其反。

其實這道理並不複雜，人的本性就是自利的，同時人又是有理性的，為求自利必須顧及「他利」；唯有從「互利」中謀求「自利」才天經地義，才皆大歡喜。所以，凡能成就大事業者都懂得這個道理，懂得尊重人的本性，公平對待人的創造價值，合理進行分配，才能維持企業的持續經營和發展。其實在利益面前誰都不傻，誰都不願上當受騙，只有真誠善待員工，你所領導的企業才會有凝聚力。作為企業的管理者，最大的誠信就是尊重員工的利

益，兌現對員工的承諾。因為只有尊重員工利益，才有可能留住員工，共同將企業做大、做強；只有企業做大、做強了，才有能力滿足社會對企業的期望。

所以企業管理者必須改變一種心理狀態。有許多勞資雙方關係緊張的原因，都是雙方在利益分配上不自覺的站在了彼此對立的角度上。一個淺顯的現象，如果給予員工的報酬過多，那麼企業的盈利就會變少。因而，雙方在利潤分配上便產生了一種對抗，甚至到了錙銖必較的程度。如果企業陷入了這一困境，那麼可以斷言，不等老闆炒員工的「魷魚」，就會有許多優秀的員工炒老闆的「魷魚」。

其實，稍作思考就會發現，員工和管理層的矛盾是建立在收益總量不變的前提下的，分配給你多了，分配給我少了，這樣，如果在利潤額既定的情況下，雙方的確進行的是一場「零和遊戲」。但一個好的利益分配方式，當然是透過總額的成長來增加雙方的收入的。「增和遊戲」要遠比「零和遊戲」輕鬆得多，也愉快得多。

所以，在支付員工報酬時，一定要牢記員工的利益也正是企業的利益所在。而管理者一旦認知並認可了這種觀念，不但可以留住優秀的人才，而且所獲得的利潤將遠大於當初所付出的。

松下電器公司之所以在別的企業身陷困境時，獨自發展，很大的原因就是把員工的利益放在了第一位。只有員工留在公司，並齊心協力為公司的發展做出自己最大的努力，企業才有救，才會有前途。

三、關心員工家屬，巧做感情投資

　　一個好的企業之所以能夠成功，和這個企業的管理者是否懂得關心員工有著密切關係。

　　在公司內部，企業對員工的關注更容易激起員工工作的積極性，因為關注實際上是對員工工作的肯定，讓員工時刻感受到自己存在的價值。管理者只有充分掌握這一管理人的要素，才能讓員工們發揮最大的潛能為一個共同目標而努力奮鬥。所謂「得人心者得天下」，現代企業的管理者更要對那些最需要關心的人給予更多的關懷。

　　一個優秀的管理者，都是十分注重關心員工的。作為上級要讓下屬體會到自己對他們的關心，就要從實處做起。關心員工要落到實處，不能只做表面文章，只保持三分鐘熱度。老闆要經常到員工中間轉一轉，走一走，了解一下員工都在想什麼，希望得到什麼。關心員工要從小事做起，從細微處入手。上屬可以隨口叫出員工的名字；知道某個員工的生日並送上自己的祝福；了解一些老員工的到職時間，以及他們曾經為公司做出的貢獻；了解員工家屬遇到的困難和他們有什麼特別的需求……關心員工，貴在真誠持久。「路遙知馬力，日久見人心」，如果管理者真正做到了這一點，就會發現自己的員工更加樂意跟你交流，而且在工作中會有更大的動力。

　　從細微之處關心員工，就要站在員工的角度，急員工之所急，解決員工的後顧之憂，這個道理是適用於任何公司的。人們必須首先具備了衣、食、住、行等基本的生活條件，然後才能從事各項工作。因此員工的生活狀態直接影響著他們的心理狀態、精神狀況和工作效率。關心員工，不一定要求公司採取大手筆，反而從小處表達關懷之意，也許更易讓員工心生謝意。比如在關心員工的同時，也不忘給予員工的家人真切的關懷。這種做法有時比對員工本人實施關懷更有效果，因為連他身邊的人都能得到公司的關注，還有

什麼比這更令他深切的感受到公司的溫情。在這種溫情的包圍中，員工就會更加樂意留下來，而且心甘情願為企業努力工作。

對員工給予真切的關心，贏得員工的真心並非難事。平時只要多加留心，對員工各方面情況盡可能的多了解一些，甚至一句簡單的問候，就能傳遞公司的溫暖、體貼。比如員工生病，主管及時問候病情怎樣，是否嚴重，要不要住院，雖然只是一些簡單的問候，員工卻倍感溫暖親切，如此一來，員工對企業的感情也會因關懷而昇華，從而會激起他們從此做好工作的熱情，以百倍的努力回報公司，並因此促進企業的發展。相反，有些老闆常常以冷漠的態度對待員工，對員工漠不關心，比如員工生病了不但不關心，還認為是故意裝病不想上班，喜歡聽信謠言，對小人的謠言也不加以思考，根本沒有自己的觀點，經常抓住別人小辮子不放，沒有一點寬容心，遇到麻煩就往外推，一點也不想承擔責任。這樣一來就造成上下級之間相互猜疑，那麼這個團隊也就喪失了凝聚力，成為了一盤散沙，員工和管理者之間的關係也變得非常緊張，以致影響到企業整體效率的提高。

所以說，怎麼關心員工是成功管理者經營好企業的必修課。

要學會關心員工，不僅要在工作上關心員工，還要關心員工的家庭與生活。是人就會有感情生活，每位員工都有自己的家人，員工難免會由於家庭原因，在情緒上有些起伏，有時候，與家人的關係以及家人的感情變化，都會影響到員工在公司的去留和工作積極性。所以要想讓員工留在公司並積極為公司工作，不僅要關心員工，更要與他們的家人處理好關係，要從細微之處給予他們應有的關懷。只有這樣，員工才會得到家人的支持，才會在公司裡謀求更大的發展。

日本某知名企業的總經理非常善於關心員工，這關心已經達到了細微的程度。他對於員工的關懷有許多讓人意想不到的「招數」，尤其是非常注意抓住員工太太的心，因此，設立了太太獎金，把員工的獎金一半存入員工太

太的戶頭，更讓人想不到的是，在員工太太生日的時候，總經理一定會代表
公司向花店訂一束鮮花，送給員工太太。一束花其實並不貴，但卻成了無價
之寶，因為它的象徵意義是無法取代的。正是因為如此，這位總經理經常會
收到很多的感謝信，其中大部分人這樣寫道：「總經理能記得我的生日，真
是感激不盡啊！」

除此之外，總經理還會每5個月發一次獎金給員工。這個獎金原則上
並不發給員工本人，而是交給其太太。員工們已經稱這種獎金為「太太獎
金」，因為錢直接匯進太太的戶頭。

這位總經理的這種做法，引起了很多企業的關注，更關心他這樣做的原
因。其實，這位總經理就是為了贏得員工太太們的支持，以使得她們能夠督
促員工更投入工作。在送上獎金之際，總經理一般都致函給這些太太：「今
天之公司所以這樣賺錢，都是託諸位太太的福氣。雖然，在公司勤奮上班
的，是你們的先生，但他們不知有百分之幾十是得到太太的助力。因此，現
奉上的獎金乃諸位太太所有，不必交給妳們的先生。」

正是因為這些獎金和給員工太太們的信，這位總經理的企業得到了絕大
部分員工太太的支持，而且這種獎金深得好評。這位總經理之所以這樣做，
是因為他知道，丈夫能在公司裡充分發揮能力勤奮工作，實在是太太能夠理
家的緣故。所以，太太們有權，也理所當然的拿這筆獎金。從另外一個角度
來講，對員工太太們的這種肯定和關懷，也使得員工們深感欣慰，覺得公司
真的是體貼人心，為了感激總經理對他們以及他們家人的關心，他們就會更
加努力的工作。

這種對員工太太們的關心，不僅僅表現在發獎金給她們和慶祝她們的生
日上。這位總經理還規定企業每年都要在一流飯店開一次聚餐會，招待員工
夫婦，在席上，總經理必然會向員工太太們拜託一些事情道：「各位員工太
太，妳們的先生在公司裡工作都很認真，我想拜託妳們的只有一件事，那就

是有關各位先生的健康問題。我有心培養各位的先生成為世界一流的商業人才,可是關於他們的健康問題卻無能為力。所以,這件事只有懇求妳們多操心了,他們有了健康的體魄才會好好工作,才能在公司成就一番事業,這裡面也有妳們的一份功勞。」

聽到總經理這麼說,各位太太不僅感覺到自己身上的重任,也充分肯定了自己的丈夫為公司做出的貢獻,也就變得更加體諒和支持自己的丈夫在公司繼續工作下去。總經理抓住了員工太太們的心,員工太太們反過來不僅讓自己的丈夫繼續留在公司,還不斷鼓勵他們好好為這樣關心人的總經理工作。這就產生了一種良性循環。也正是因為這樣,公司的每一個員工在自己太太的鼓舞下,創造了一個又一個佳績。

用有限的資源,將利潤最大化,這就是管理。如何帶動員工的積極性成了將利潤最大化的關鍵點。企業要帶動員工的積極性就要學會關心員工,學會關心員工的家屬。從某種角度來看,企業關心員工的同時,其實也是在關心自己,員工的成長讓企業成功,員工的口碑是企業能力的呈現。企業關心員工,利員工更利企業,何樂而不為呢?

「一分付出,一分收穫」。要把企業經營好,就要多花點時間和金錢進行「關懷投資」,實現與員工心理的融通和對問題的共識,這項投資獲得的資源和回報,是任何一項別的投資都無法比擬的。

四、給員工犯錯的機會

一旦人犯了錯誤,檢討的意義就比處罰大得多,因為犯過錯的人,不會再輕易犯同樣的錯誤。在企業管理中,如果解僱了犯錯誤的人,也就等於否定了犯錯誤的價值。而且,其他沒有犯錯誤的員工,看到企業給予犯錯誤的員工這樣一個懲罰,不僅會對企業產生懼怕,而且還會抹殺他們的創造能

力，甚至會造成員工的反對和反感。這種感覺如果占盡了上風，那員工只好選擇離開，另謀發展。

所以，企業要允許員工犯錯誤，給員工一個改正錯誤的機會，只有這樣才得到了犯錯誤的價值，更重要的是留下了優秀的人才，為企業創造了一個更大的價值。允許員工犯錯誤，重在建設一個寬容厚道的企業環境。

西門子一位人力資源總監曾經說過：「西門子公司允許員工犯錯誤，並且給他們一個失敗的空間，如果那個人在幾次犯錯誤之後變得茁壯了，這對公司是很有價值的，犯了錯誤就能在個人發展道路上不再犯同樣的錯誤。」

西門子正是為自己的員工創造了一個允許員工犯錯誤的環境。西門子的人力資源管理政策中有一條「創造出環境讓員工犯錯誤」。當然，這樣做的底線就是不可以重複犯同樣的錯誤。西門子這樣做的前提是他們首先為員工提供了完備的培訓體系。西門子的培訓其實是一個分領域的培訓體系。其中包括了經理人培訓、企業管理財務、專案管理培訓、人力資源管理培訓、市場行銷能力培訓，以及社會管理能力培訓等方面。西門子用文氏圖來表示，西門子的每個員工都要面對工作現狀和能力要求這兩個方面，這兩個圓有重合的地方也有不重合的地方，而培訓的重點就是要盡量讓它們完全重合，這樣的過程也就是西門子的人才培養過程。

允許員工犯錯誤，並且給員工們一個改過的空間，還充分表現在西門子沒有實行末位淘汰制。當員工每年的考核結束後，如果有員工出現目標實現很不理想的狀況，西門子首先會先對其進行職位培訓，如果職位培訓不能解決問題，再調他到其他職位上工作，如果還不行，才會依據勞動法規與員工協商解決問題。

相對於很多企業來說，西門子公司算是很寬容的企業了，它把允許員工犯錯誤當成了一種企業工作環境來處理，員工們在這種犯了錯誤的情況下，還有一個改過的機會的環境，在這樣一個寬容的環境下，員工就會放鬆自己

壓抑和緊張的情緒，就會愉悅的工作，愉悅的為西門子創造更多的價值，更樂意留在一個如此寬厚仁慈的公司中。而犯了錯誤的員工，則會珍惜這個機會，更加努力改正自己的錯誤，並在之後的工作中汲取教訓，不僅讓自己不再犯這樣的錯誤，而且還會盡力讓自己的工作做得更加出色。

現實世界充滿了不確定性，在這樣的一種環境中做事，自然不可能事事成功，一個人能多做正確的事，少做錯誤的事情，他就是一個優秀的人。在企業的發展過程中，若要求員工不犯任何錯誤，就會抑制其冒險精神，使之縮手縮腳，失去可能成功的商機和創造更多價值的信心。

冒險精神是一種勇氣的表現，是一種寶貴的特質，很多財富傳奇的主角都不乏冒險精神。企業家抑或是普通員工若能從不確定的精神中，靠著某種靈感去冒險，才可能有成功的機會，但也有可能招致失敗。若不允許員工嘗試，冒險失敗會受到公司的嚴懲，則員工就會抱著不做不錯的觀念工作，這樣企業便失去了賴以發展的重要動力。

因此，企業應鼓勵員工理性的去冒險、去創新、去抓住商機，應允許員工失敗。當員工冒險犯了平常的小錯時，不應過多指責；當冒險成功時，務必多加讚賞，並給予相應的回報。

「失敗乃成功之母」這話人所共知，但並不是所有人都會那麼幸運的遇到失敗的機會。這一方面源於傳統上承認失敗不是一件光彩的事情，另一方面，企業高層打從心裡拒絕失敗。所以，鼓勵員工失敗的企業鳳毛麟角，這因此阻滯了創新風氣的流行，實際上這是比市場失敗更為致命的失敗。

「不怕失敗」意味著要讓員工能創造和接受變革，這能夠有效的降低企業變革的風險。告訴員工：「犯錯誤，不要緊，不犯同樣的錯誤最重要。」員工往往會因為太在乎犯錯誤而求穩妥，反而可能招致更大的錯誤。例如，企業的許多行銷行動失敗的原因，不在於人們勇於失敗，而在於他們喜歡按照穩妥的老辦法做事。

提倡員工在工作中學習「勇於失敗」的態度。新員工從第一天起就看到同事採取「勇於失敗」的態度。公司召開小組會議，會上人們站起來，承認自己犯了錯誤或是在某件事上失敗，卻從中吸取了教訓。這樣，新員工很快認知到失敗並不可怕。把競爭策略放在培養勇於冒險、有責任心，能百分之百參與公司創新和變革的員工上，是有遠見的企業的科學做法。

給員工失敗的空間，讓他們用冒險精神大膽實踐自己的創新意識，因為人才以及他們是否有創新的意願，永遠是企業發展的關鍵。

很多企業對於員工犯錯誤都有著嚴格的懲罰措施，他們以為這樣不僅可以給員工一個警示，更是為了「殺雞給猴看」，以防其他的員工也犯類似的錯誤。所以，大部分企業管理者在員工犯了錯誤的時候，往往不替員工留個臺階下，一點面子也不給。不給面子通常也是一種乾淨俐落的處理方式，但這種方式常常會傷害彼此感情，降低員工對企業的認同感，從而導致了員工背叛，甚至人才流失等嚴重問題。所以，企業應該堅持一種替員工留足面子的法則。留足面子法則，指的是企業在處罰員工，或者對其降職的過程中，充分維護員工的自尊和情感，使處理決定更易於被接受，更重要的是可以為公司留住優秀的人才。

在當今，電腦是發展最迅速，也是經營最活躍的行業，在這個行業裡，IBM 公司的業績位居全世界之首。多年來，它在《財富》（Fortune）雜誌評選出的美國前 500 家公司中一直名列榜首。其中，IBM 公司在追求卓越，特別是在允許員工犯錯方面，更是值得企業的借鑑。

IBM 是一個十分重視保住員工的自尊心，充分為犯錯誤的員工留足面子的公司之一。所以，IBM 的員工不僅非常維護自己的公司，而且員工的流失率也非常少。

有一次，公司的一名高階主管由於工作上的嚴重失誤，對公司造成了高達 100 萬美元的鉅額損失，為此，他內心非常緊張，忐忑不安的等待公司

對他的處分，甚至都做好了被辭退的準備。在當時，許多高層管理人員，基於他對公司造成的重大損失，於是紛紛向董事長建議，把這位高階主管革職開除。但是出人意料的是，董事長卻認為一時的失敗是企業精神的「副產品」，如果此時能夠繼續給他工作的機會，那麼他的進取心和才智有可能會超過未受挫折的常人，他認為，挫折對於有進取心的人來說是最好的激勵，所以董事長不同意就此把那位犯錯誤的高階主管人員給開除。

但是，這件事並沒有就此結束，第二天，董事長把這位自尊心很強的主管叫到辦公室，委任他同等重要的一個職務，這位主管非常驚訝的說：「為什麼不把我開除或是降職？」董事長笑著說：「如果那樣做的話，豈不是在你身上白花了 100 萬美元的學費？」主管被董事長的寬容大度深深感動了，後來，他以驚人的毅力和智慧為該公司創造了極大的收益。

這只是 IBM 為員工留足面子的典型事例之一，在 IBM 幾乎很少聽到大聲斥責犯錯誤的員工的聲音，相反，取而代之的是對這些員工的鼓勵和讚許，這正是為員工留足面子的一種很有力的表現。正是因為這樣，無論是從 IBM 的高層管理者還是到基層員工，凡是優秀的人才都留在了 IBM 公司，他們知道，只有 IBM 才會給他們犯錯誤後一個改正的機會，才不會讓他們丟面子。

每個人都會犯錯誤，作為員工也是如此，但是，每個犯錯誤的員工原本都不想犯錯誤，只是出於某種原因導致的失誤，對公司造成了或大或小的損失。在這種情況下，員工自身就有一種愧疚和負罪感，更害怕上級對他進行一定的處分，更重要的是處分會傷及他的自尊。當員工的自尊被嚴重傷害的時候，往往他們就會覺得在公司已經非常丟人，在其他同事面前已經抬不起頭來，那麼他要選擇的路就只剩一條了，那就是離開公司。

一個優秀人才，如果離開了公司，那麼對於企業來說，就是一種損失，假如其他員工也看到上級這麼不留情面的對待犯錯誤的員工，那麼這些員工會就此聯想到自己：假如我犯了錯，主管也就會以同樣的方式對待我，這樣

沒有面子的事我可接受不了，還是趁早別在這裡工作的好。要是這樣，就形成了一種惡性循環，企業會出現大量的人才流失，那樣的損失是可想而知的。

在實際工作中，這樣不為員工留面子，往往是因為當企業領導者看到犯錯誤的員工對公司造成損失之後，就會很衝動，那麼，對問題不冷靜的處理方式也勢必會損傷員工的自尊，傷害他們的感情。而作為領導者如果平和寬容的待人，給員工面子，為他們樹立良好形象，那麼他們就會打從心裡感激公司，也就會在工作中更用心的支持公司。

所以，企業不應過度關注員工的錯誤，對待犯錯誤的員工，寬容和嚴屬應該並重，在嚴屬的基礎上的寬容更有效果，在寬容之後的嚴屬也更有力度。可以說，這不僅表現了企業良好的留人方法，更展現了企業的人性化管理。那麼，如何才能做好這一點呢？

首先，企業應尊重員工，要從「心」去了解、以誠待員工，站在他們的立場為他們考慮和解決問題。這時候，領導者就會充分體會到犯錯誤的員工的正確情緒，就會以客觀公正和諒解的心態對待員工的錯誤，也就會以一種平和的態度去處理事情。

其次，給員工足夠的面子。同樣的事，由於角度不同，在員工心裡產生的反應也不同，企業領導者應學會換位思考，站在員工的角度，多想想「如果我說這句話、如果我這樣處理這件事，會不會傷及員工的自尊心」，如果有可能，就應當考慮如何在不傷及員工自尊心的情況下妥善處理。

最後，一定要給犯錯誤的員工一個臺階下。人的進步是無數次教訓的累積，但脆弱的神經系統最經受不起的還是失敗的打擊。一次失敗的經歷，往往會使那些意志薄弱者喪失振作起來的信心與勇氣，使他們很難面對稍有挑戰性的工作。所以，最好的辦法就是讓那些做錯事或面對失敗的人在學會改錯和堅強的同時，再為他們的失敗找一個降落點，幫他們尋找一個臺階、一個藉口，使他們雖受挫卻不沉淪，一有機會還會重新站起，做出成績。

五、尊重是有效的零成本激勵

　　「尊重」這個詞，多數是在我們平時論述道德相關的問題時，或者在普通的社會交流時才被提及，但是在討論企業管理問題的時候，就比較少見了，更不要說把尊重自己的員工這件事上升到一個重要的位置。然而事實卻是，每個人都是有自尊心的，都希望得到別人的尊重。

　　俗話說：「樹要皮，人要臉。」這所謂的「臉」，就是人的自尊。只有當一個人得到了相應的尊重之後，才能建立和發展與他人的關係。同樣的，在企業裡，管理階層要和員工建立和維持良好的關係，進而讓員工努力工作，必須要做的就是尊重員工，讓他們的自尊心得到滿足，從而激發其工作的積極性。

　　每個人都有自尊心，都有自己的人格和平等的人際交流傾向。對於每一個員工，即使只是身分、地位卑微的底層員工，他們也都有著極強的自尊心，他們在內心深處都有一種渴望得到重視和尊重的心理。

　　在他們眼裡，上級主管認可自己為公司創造財富所做出的貢獻和自己的價值，就是一種尊重。一旦得到了尊重，他們在內心深處就會產生一種「不負使命」的責任感，工作意念和幹勁就會促使他們盡力做事。

　　然而在現實生活中，總是會有一些不成熟的管理者，對那些做底層工作的人盛氣凌人，不拿正眼看人。但這種人往往就會栽在他自認為沒有自尊的人手上。

　　老王是一位公司的警衛兼郵件收發員。平日裡努力工作，認認真真的做著自己的本職工作。這個公司所有的人在上下班經過守衛室的時候，都會樂呵呵的和老工打招呼，唯獨總經理劉某除外。劉經理的業務能力還不錯，但這個人就是有一點不好：對人態度不一。當對著社會上地位更高的人時，總是點頭哈腰，阿諛奉承，而對著下級時就冷若冰霜，彷彿誰都欠他錢似的。

劉經理對在自己手下做事的員工尚且如此，瞧老王就更不拿正眼了。他覺得：不就是個看門的嘛，有什麼了不起。即使劉經理每次在拿信件不得已打招呼時，也總是老頭長老頭短的稱呼。於是，老王也漸漸的對這個經理產生了厭惡之情。

一日，劉經理接到了一筆大的訂單，對方將訂貨要求用快捷郵寄給了他，並說必須在三日之內將貨發給對方。於是劉經理便等著對方的郵件，頭一天郵件沒有來，他也沒有在意，以為是郵政的問題，心想郵件或許正在郵寄過程中。第二天郵件還沒有來，劉經理就有點著急了，他問老王有沒有他的郵件，老王只說了兩個字：「沒有。」第三天，郵件還是沒有來，訂單也就成為了泡影，劉經理以為被訂貨商擺了一道，又惱怒又難過。

然而過了一些日子，劉經理在翻找其他科室的郵件時，一下子發現了前幾天的訂單郵件，他質問老王，老王只是說了句：「郵件上不是寫你名字，所以我也不知道這就是你的。」原來，對方一個大意，將劉經理的名字寫錯了一個字。

其實，問題何嘗是出在名字寫錯一個字上，如果劉經理對老王平時多一些尊敬，而不是那樣瞧不起人，老王在信件收發時自然會替他留意，信件寄來時，即使錯了一個字，也會請劉經理來辨認，那樣自然不會因為這麼一點小事而錯過訂單。但就因為平時他對人家的不尊重，老王也就沒有那樣做，這樣的苦果，劉經理只能自己來吞。

歷史上類似的例子也不勝枚舉。陳勝就是因為不把自己的車夫當作人看，而最終被車夫要了命，張飛也是因為不愛惜自己的將士，而最終落了個被屬下殺害的下場。大人物尚且如此，如果你只是一個企業的管理者，那就更應該小心了。

人與人之間都是平等的，也許你從事的工作比人家好，你的地位比人家高，但你也不能因此瞧不起那些比你條件差的人，如果你不顧及他們的自尊

心，對其予以小看、輕視，甚至羞辱、欺凌，那麼招致對方的不滿、憤怒是必然的。這樣你不但得不到別人的尊重，還會處處樹敵。

可以說，傷人自尊心是用人的大忌，在上級心情不好的時候，尤其要大加注意。一位著名的心理學者針對老闆對營業人員的態度和銷售量變化，進行了一次調查，最後他的這項調查得到了以下的結論：

（一）在人面前讚美，銷售量可增加20%～50%。

（二）在人面前斥責，銷售量會減少20%～增加10%。

（三）私底下讓員工丟臉，銷售量會減少30%～增加5%。

（四）在人面前讓員工丟臉，銷售量可減少10%～60%。

（五）私底下勸說、指導，銷售量會增加10%～30%。

該項調查中讓我們發現有趣的是：讓員工丟臉幾乎是無法增加銷售量的，尤其在外人面前讓員工丟臉，更會產生相反的效果。也就是說，讚美、斥責、警告等措施，對結果會有正面的激勵作用，但是讓員工丟臉這種做法，不僅不會有任何一點正面效果，反而會讓情形變得越來越糟。所以，可以確定的是，這種不替員工留面子，傷害員工的自尊心的處理方式絕對是下下之策。

可以說，上級對下屬尊重，同樣也會贏得下屬的尊重，並且是讓下屬認可企業管理才能的前提。一旦員工對主管產生一種尊重和崇拜感，就會轉化出一種強大的工作熱情。

企業的每一個人都盼望自己受人矚目、受人尊重，那麼，作為領導者就應該設法滿足別人的這些期盼。

一位公司的總經理要自己的員工到自己辦公室的時候，從來不這樣說：「你到我的辦公室來一趟，我有事要讓你辦。」而是說：「我在辦公室裡等你。」這樣的話聽起來，總會給人一種很舒服的感覺。

簡單的轉換說話方式，為什麼會產生如此神奇的效果呢？因為總經理非常巧妙的顛倒了「主位」和「賓位」，讓員工覺得自己不是被命令，而是被請求。這位總經理在未損失任何東西的情況下，使員工的自尊心得到了充分的滿足。於是，這位總經理自然而然的得到了員工的好感和尊重，使得他們加倍的努力為公司工作。

由此，我們可以看到：一種很普通的尊重一旦應用到企業的管理工作中，哪怕只是一件微不足道的事情，都能很好的產生激勵員工的作用，形成讓員工努力工作的一種強大的推動力。

滿足員工的對尊重的需求，就能令其享受這種精神上的滿足以達到激勵的目的。這可是善用資源，提高收益，減低成本的激勵法寶，每個管理者不可不學。

如果你想當一個受人尊敬的管理者，那麼請你記住，尊重每一個員工，你的尊重將是一種零成本的感情投資，你平時花在員工身上的精力、時間，都是具有長遠效益和潛在優勢的。在不遠的一天，也許就在明天，你將會得到加倍的回報。

六、用危機激勵員工

在市場經濟大潮中，企業的生存環境可謂是瞬息萬變，自身資源狀況也在不斷的變化之中，企業發展的道路因此充滿了危機。

當一個人處在一種不利己的環境下，通常會爆發出驚人的力量。人要「居安思危」，太安逸的生活容易使人墮落，不思進取。而古人說的「生於憂患，死於安樂」就是這個意思。

正因為這樣，一位公司總裁才會警告員工：「公司的冬天很快就要來臨！」HP 公司前董事長兼執行長普拉特（Lew Platt）才會說：「過去的輝

煌只屬於過去而非將來。」

危機意識其實就是一種強烈的生存意識，人要有危機意識，隨時意識到別人的壓迫、環境的危機，只有這樣才能不斷進取，去適應更高的要求。

安逸是滋養墮落的溫床，因此，企業不僅自己要有危機意識，還要不斷的向員工灌輸危機觀念，讓他們明白企業生存環境的艱難，以及由此可能對他們的工作、生活帶來的不利影響，這樣就能激勵他們自動自發的努力工作。

危機激勵就是在員工內部之間形成一種競爭機制，讓員工感覺到其他內部人員會超越自己，那麼自己就要想辦法還擊，超越對手。而外部環境對企業的影響，一般來說，員工是看不到的，外部的環境變化了，而內部卻不怎麼變化，就不會讓人有要前進的意識，等到每個員工都看到外部壓力的時候就晚了。

於是作為一名出色的管理者，就要及時的把外部環境的不利因素導入到內部，使上上下下都同時產生危機感，從而都加倍努力的去打敗外面的對手。

性格豪放、江湖氣十足的麥卡米克是美國一家企業的創始人，他態度親和友善，工作上一視同仁，讓人感覺平易近人，但那個時候他的思想觀念和工作方法逐漸落後於時代，以至於企業瀕臨倒閉，到後來陷入了裁員減薪的困境中。麥卡米克不得不宣布要對所有員工減薪一倍。

但恰逢此時，麥卡米克不幸得病去世。他的外甥大衛繼任了公司領導者的職位。

大衛一上任，就立即向全體員工宣布了一項與他的前任領導者截然相反的措施：「從本月開始，所有員工的薪水增加一成，工作時間適當縮短。大家都知道，我們企業生死存亡的重任就落在諸位的肩上，希望我們同舟共濟，共度難關！」

幾天前還要減薪一倍，如今反而調高一成，工作時間還縮短，員工們頓

時呆了，他們幾乎不敢相信自己的耳朵。面面相覷的員工們在確定了這個通知是真的後，轉而對大衛的新政表示由衷的感謝。

就這樣，全公司上下士氣大振，齊心協力，一年內就轉虧為盈。

影響企業正常發展的因素太多了，這些因素就是我們所說的風險。眾所周知的，企業發展遇到風險是正常的，在風險中失敗的很多，成功的也隨處可見。在競爭的過程中，成敗都是一時的事情，不管怎麼樣都有經驗可以吸取，這才是最重要的。

美國一家公司的執行長說：「我總是相信如果你的企業沒有危機，你要想辦法製造一個危機，因為你需要一個激勵點來集中每一個員工的注意力。」

員工也怕失業，所以有一些公司就採用了辭退員工的威脅法，要讓每個人都不能掉以輕心，從而對每一個員工形成一種有力的約束力，努力去工作。這是一種很有效的方法，因為人人都不想失去已有的東西，如果透過一些簡單的事情就能做到，那麼為何不做呢？

姜太公滅了商紂，周朝立基之後，要招攬一批人才為國家效力。

在齊國有一位賢人狂矞，很受人推崇。姜太公慕名，想請他出來做事，拜訪了三次，都吃了閉門羹。

後來姜太公忽然把他殺了，周公想救也來不及，問姜太公：「狂矞是一位賢人，不求富貴顯達，自己掘井而飲，耕田而食，正所謂隱者無累於世，為什麼把他殺了？」

姜太公說：「四海之內，莫非王土；率土之濱，莫非王臣。在天下大定之時，人人都應為國家出力。只有兩個立場，不是擁護就是反對，絕不容有猶豫或中立思想存在，以狂矞這種不合作態度，如果人人學他樣，那還有什麼可用之民、可納之餉呢？所以把他殺了，目的在於以儆效尤！」

果然經此一殺，想背叛周朝的人都不敢自命清高，繼續隱居下去了。

姜太公的做法就是要全國人民都產生危機感，要他們順從周朝，並且好好為周朝服務。同樣，這也可以用在我們的企業裡面。當大家都有某個不可原諒的毛病時，你可以規勸員工：「絕對不能再犯，誰再犯就會開除誰。」而當真的有人犯了，你就要實行你的政策，讓每個人知道制度不是說著好玩的。

不管是外部的環境還是在企業內部，危機總是能讓人保持一顆清醒的頭腦。一個溫暖的被窩可以讓你失去鬥志，但是一盆冷水能讓你清醒的看到世界需要改變。

有危機感的員工都是進步的，他們想著不進步就要被人超越。同樣，有危機感的企業是不會被人超越的，因為它有積極創新、積極開拓市場的力量。合理使用危機刺激，讓危機刺激到每一個人。

激勵專家認為要想有效的樹立員工的危機意識，可以透過以下措施：

1. 向員工灌輸企業前途危機意識：企業要告訴員工，企業已經獲得的成績都只是歷史，在競爭激烈的市場中，企業隨時都有被淘汰的危險，要想規避這種危險，道路只有一條，那就是全體員工都努力工作，才能使企業更加強大，永遠處於不敗之地。

2. 向員工個人灌輸他們的個人前途危機：企業的危機和員工的危機是連在一起的，所以所有員工都要樹立「人人自危」的危機意識，無論是公司的領導團隊還是普通員工，都應該時刻具有危機感。告訴員工「今天工作不努力，明天就得努力找工作」。如果員工在這方面形成了共識，那麼他們就會主動營造出一種積極向上的工作氛圍。

3. 向員工灌輸企業的產品危機：企業管理者要讓員工們明白這樣一個道理：能夠生產同樣產品的企業比比皆是，要想讓消費者對企業的產品情有獨鍾，產品就必須有自己的特色，這種特色就在於可以提供給客戶的是別人無法提供的特殊價值的能力，即「人無我有，人有我優，人優我特」。

4. 在企業內部積極發展自我競爭（技能）、自我淘汰（產品）。

5. 嚴格把關產品品質，不讓次級品出廠，從嚴治企。

6. 提高服務品質，認真對待每一次客戶投訴，不因小失大。

　　總之，企業唯有不斷的向員工灌輸危機觀念，讓員工明白企業生存環境的艱難，以及由此可能對他們的工作、生活帶來的不利影響，才能有效激勵員工自動自發的努力工作。

七、懲罰與激勵並重，張弛有道

　　激勵和懲罰都是企業管理員工有效的方法，但是究竟是以激勵為主還是以懲處為主？這是企業在管理員工時經常遇到的難題。激勵是對員工行為的肯定，是正強化；懲罰是對員工行為的否定，是負強化。在日常管理中往往是激勵和懲罰並用，努力做到賞罰分明。但是有的管理者只善於激勵，不善於懲罰。員工犯錯誤時，懲罰是應該的、必須的。懲罰的目的是讓員工理解錯誤，改進工作。懲罰的最高境界在於讓受罰者心存感激，並加倍努力工作。如何使懲罰轉為激勵，變懲罰為鼓舞，讓員工在接受懲罰時懷著感激之情，進而達到激勵的目的，是每一位管理者應努力做到的。如何才能使懲罰發揮最佳效果呢？

　　19 世紀偉大的法國教育學家盧梭在他的名著《愛彌兒》（Émile）中講過一個小故事。一個孩子打碎了窗戶玻璃，他的父母卻沒打他也沒罵他，只是讓他住進窗戶破了的那個房間，讓他嘗一嘗夜晚寒冷的滋味。自從有了這樣寒冷一晚的體會，從此孩子就不那樣不小心了，因為他知道了如果不小心打碎玻璃會帶來怎樣的後果。這種懲罰我們可以叫它「溫柔的懲罰」。

　　在日常工作中，人人都難免犯錯誤。而且員工一旦犯了錯誤就要受嚴懲，似乎企業老闆一致認為不懲罰就不能顯示威嚴，不懲罰就不能表現規章

制度的嚴肅性，不懲罰就不能產生殺一儆百的作用。懲罰的方式有很多種，如批評、檢討、處分、經濟制裁、法律制裁等。事實上，這些懲罰只能讓員工服從，但卻無法讓員工敬業，而且往往會造成員工和管理階層之間充滿敵意的對立。為什麼不換另一種方式來激勵員工呢？在這個人性化的時代，企業管理者在處置犯錯誤的員工時，不妨學學盧梭筆下的那位家長，來一點「溫柔的懲罰」如何呢？也許會有很好的效果。

在大多數管理者眼裡，獎懲機制是企業文化的重要組成部分。獎勵是正面的激勵，但懲罰就不一樣了。大多數企業在對待員工違紀的問題上，就是採取懲罰的方式。透過嚴懲來規範員工行為，使員工在制度規範的約束下工作，其結果是很被動的。懲罰出現過錯的員工，要堅持公正誠懇的態度，要運用「溫柔」政策讓員工覺得被懲罰也是「事出有因」，確實理該受到懲罰。要讓員工覺得上級的批評是真的為他好，而不是為了透過批評懲罰員工來抬高自己，或顯示自己的權威。文明而不失嚴厲的批評如春風化雨，能使人入耳入心，虛心接受並吸取教訓。傳統的懲罰方式如警告、訓斥、無薪停職、解僱等，可以說是用嚴厲的手段來保證員工遵守企業原則。如果某人未能達到要求或犯了一些錯誤，就加以懲罰，那這些傳統的懲罰體制實施的結果也就是讓人照章行事而已。有些管理者在員工犯錯時，態度粗暴、言語尖刻……這樣其實會傷害員工的自尊心，使雙方都出現嚴重的心理陰影，甚至激化矛盾，造成不良後果。

美國一家炸薯條的製造工廠對犯錯員工的處理是：處分，但不懲罰。這對現代企業的管理來說，是一個很好的借鑑。這家公司的工廠有 210 名員工，由於管理不當，竟然出現了 9 個月之內有 58 名員工因違紀而遭解僱的惡劣現象。儘管該廠的總經理不斷的對他們進行書面警告、無薪停職、解僱等懲罰手段，但員工的違規行為不但沒有減少，反而越演越烈。總經理對此也是束手無策。

可以想像，廠裡的工人對該廠制度是深感不滿和憎惡的，甚至有人伺機報復。有一位機靈的工人想了個壞主意：一天，他偷偷的把炸薯條從生產和包裝區運轉的輸送帶上拿下，用一支麥克筆寫上髒話，又悄悄的放回原處。這一行動竟然沒有被任何人發現。結果，那盒「遭殃」的炸薯條被賣到了客戶手中，客戶在購買的炸薯條盒上發現髒話後大為惱怒。於是，客戶便向該廠投訴。那名工人用獨特的手段報復總經理的「醜聞」，很快在廣大員工中傳開。形勢更為嚴峻的是，其他工人也紛紛仿效以表示更大的不滿，最終導致客戶投訴信越來越多。

後來，總經理採取更多的處分措施來「制裁」這些「搗蛋」員工。處分非但沒有解決問題，改善績效，反而引發了更多的破壞。顯然，這種傳統的嚴厲懲罰已經失效。再後來，工廠總經理意識到問題的嚴重性，不得不改變策略，制定了一種新的辦法 ── 非懲罰性處分。這種新體制不使用嚴懲手段，而是向工人表明：每個工人即使是「搗蛋分子」，都是成熟、負責、可信任的成年人。這就意味著每個人都要承擔責任和決策，為自己的行為負責。新流程取消了傳統的警告、訓斥、無薪停職，還取消了最後處分步驟 ── 解僱，取而代之的是大膽的「帶薪停職處分」，即通知員工第二天將被停職，他必須在停職日結束時回來做出決定：要嘛解決當前問題並完全承諾會在各方面工作中做出令人滿意的表現，要嘛就另謀出路。為了表示誠意，公司負擔那天的薪資，並提醒說：「如果你決定留下來，再次犯錯你就會被解僱。」實際上，總經理希望看到員工願意改正並留下來好好工作。

很快，帶薪停職處分扭轉了之前的惡劣局勢。一年後，該廠的解僱人數從 58 人降到了 19 人，第二年，僅有兩名員工被解僱。員工不滿、報復的現象徹底消失，客戶投訴也隨之大大降低。真是治病又救人！這種「非懲罰性處分」讓懲罰變成了一種激勵，同時，從規定上看，也算是溫柔一點的懲罰。這一招引來了越來越多的企業競相仿效。如一家公司的電話營運部門施

行非懲罰性處分體制一年後，員工投訴案件下降了63%，處分方面的投訴案件下降了86%。可以說，傳統的嚴厲懲罰體制就是用「狠」字來制裁違紀或犯錯的人，不僅讓員工被動服從，還加劇了管理階層和員工之間的敵對，可謂懲前不毖後。而「溫柔的懲罰」則是讓員工「心服」，變懲罰為激勵，它帶來的最大好處就是公司內部的和睦共處、團結一致。

作為兩種管理方法，激勵和懲罰都不可偏廢，在具體的操作中應將兩者好好的結合起來，做到賞罰分明，只有這樣才能避免有失偏頗。然而，較之懲罰，有的企業在管理中只善於激勵，而有的只善於懲罰，而不善於激勵。尤其具體到一件事情當中，比如員工犯錯誤時就只有懲罰，似乎不懲罰不能產生殺一儆百的作用，不懲罰就不能展現規章制度的嚴肅性⋯⋯

懲罰是應該的。但是當員工犯錯誤時，不應只有懲罰，還可變懲罰為激勵，運用懲罰的手段達到激勵和獎勵的目的，甚至可以達到單純獎勵所不能達到的目的。變懲罰為激勵，變懲罰為鼓舞，讓員工在接受懲罰時懷著感激之情，進而達到激勵的目的，而不單單是規範和約束。可以說，懲罰不是目的，嚴厲的懲罰更發揮不了任何積極的作用，那麼，管理者就要採用更人性化的手段來處理犯錯員工，以達到激勵的最佳效果。

恃才傲物是有普遍性的，因為有才者一般都認為自己比他人聰明，所以當他的頂頭上司管理他時，他內心會有一種反抗情緒，這就是常說的不服管理。對此，身為上級主管的人也往往帶著情緒和偏見來管理這樣的員工。

一位業績優秀的員工覺得公司的一項工作流程需要改進，便向主管提出，但主管認為沒有必要，批評她做好自己的本職工作，不要瞎操心。這位員工就賭氣私自改變工作流程，主管發現了就責備了她，而她不但不改，反而認為主管有私心，於是就和主管吵翻了，並離開了工作職位。主管反映到部門經理那裡，經理也嚴肅地責備了她，她置若罔聞。於是經理和主管們就決定嚴懲，認為開除她的也有、扣三個月獎金的也有。這位員工拒不接受。

於是部門經理就把問題報告到了總經理這裡。

　　這位員工被總經理叫到辦公室，總經理和顏悅色的問她事情經過，雙方探討了各自意見和看法，總經理發現她的想法確實有道理，她提出的那項工作流程確實應該改進，而且還談出了許多現行的工作流程和管理制度中存在的不完善之處。他能以這樣朋友式的平等和她交流，而且如此真誠的聆聽她的意見，她感覺受到了重視和尊重，牴觸情緒漸漸平息下來，從一開始的只認為主管有錯，到最後承認自己做得也不對。在他試探性的詢問下，她也說出了她的錯誤應該受到的處罰程度，最後高興的離開了總經理的辦公室。

　　處罰方法不當很可能造成員工的反彈情緒，只有讓員工自己認知到錯誤，才能產生處罰的效果，否則，根本問題沒有得到解決，盲目處罰就會起反作用。得人心者得天下，處罰時，不僅要留住人，更要留住心。那位員工之所以愉快的接受處罰，最關鍵之處是她認為不正確的問題得到了改進，證明她的意見被採納了，她的才能得到了肯定。朋友式的溝通交談中，她自己認知到自己做錯了，而不是總經理或他人指責她做錯了，她能不改嗎？這是讓員工自己改正自己的錯誤，是積極有效的改正錯誤，而不是總經理要她改正，而她不得不改、被動的改、消極的改。被動的改、消極的改不是澈底的改，有可能會留下後遺症，隨時有可能反彈。朋友式的平等交流問題和看法，會使員工有被尊重感、有某種意義上的心理滿足感，員工會感覺到這樣的主管可信賴，能夠解決問題，就會把自己看到的問題幾乎毫不保留的倒出來，這等於讓她積壓已久的意見得到了傾訴，心理的壓抑感解除了，能不輕鬆愉快嗎？這樣的處罰，難道不是在幫助員工、肯定員工、表揚員工、激勵員工嗎？員工豈有不高興和感謝之理呢？

　　總結了一下，要有技巧的進行批評懲罰，可以從以下幾點出發：

1. 善用「提醒」。「首次提醒」指出問題，提醒員工注意自己的行為，並

爭取員工同意做到令人滿意的表現。如果問題繼續存在，再給予「二次提醒」，與其進行非正式的「和平談判」，最大程度的解決問題。會談後，將談判內容正式編寫成備忘錄，交給該員工。

2. 朋友式溝通。一味的懲罰並不能真正「消冰融雪」，反而會造成員工積怨、報復，甚至流失。不妨與員工進行朋友式的溝通和暢談，了解其心底真實的想法和動機，引導其主動改善工作品質，則會獲得事半功倍的效果。

3. 激將法。對於自尊心強的人，可以採用激將法，使之幡然醒悟，主動承認錯誤，主動接受處分，並決定改正錯誤的行為。

4. 將功贖罪。某員工犯錯誤了，但其並不想在整個公司被當面責備或接受什麼樣的處分。如果有一個「將功贖罪」的機會，那麼，員工一定會非常努力的去改正錯誤，積極進取，說不定還會成為一名「功臣」呢。

5. 曉之以理，動之以情。懲罰要有誠意，要讓員工真正認知到自己的過失，心服口服的接受處分。

冰冷的處罰可能會產生震懾員工的作用，但是善於巧妙的轉換處罰的方式常常會收到意想不到的效果，處罰完全可以變得和正面的表揚一樣激勵人，甚至比正面的表揚獎勵還要積極有效果。所以管理者的管理藝術就在於化一切被動因素為積極因素，把批評和懲罰變成激勵。這樣的解決方法實質就是化消極為積極、化被動為主動、化問題為機會，化失敗為成功、化干戈為玉帛、化處罰為獎勵、化約束為激勵、化嚴肅為活潑、化漫天烏雲為晴空燦爛。

八、最讓人心動的激勵是讚美

　　心理學家威廉・詹姆士（William James）曾說道：「人類本性最深的企圖之一是期望被人讚美和尊重。」讚美，即為稱讚，是用語言表達對人或事物優點的喜愛之意。讚美不僅能使人的自尊心、榮譽感得到滿足，更能讓人感到愉悅和鼓舞，從而會對讚美者產生親切感，相互間的交際氛圍也會大大改善。

　　因此，喜歡聽讚美就似乎成為了人的一種天性，是一種正常的心理需求。我們都希望自己的成績與優點得到別人的認同，哪怕這種渴望在別人看來似乎有點虛榮的成分。讚美，是一門藝術，是一種有效而且不可思議的力量！

　　兩名保齡球教練分別訓練各自的隊員。他們的隊員都是一球能打倒 6 支球瓶的水準。A 教練對自己的隊員說：「很好！打倒了 6 支。」他的隊員聽了教練的讚揚就很受鼓舞，心裡有一種滿足感，並且想下次一定要把剩下的 4 支也打倒。B 教練則對他的隊員說：「你看你都練了好幾天了，還有 4 支沒打倒。」隊員聽了教練的指責心裡很難受，心想，不過才幾天，怎麼就能都打倒呢，心裡不服氣，對練習也失去了興趣。結果 A 教練訓練的隊員成績不斷上升，B 教練訓練的隊員打得一次不如一次。

　　著名幽默大師馬克吐溫更是對讚美的作用大加讚賞：「我可以為一個愉悅的讚美而多活兩個月。」一句普普通通但卻真摯誠懇的讚美之語，有時在別人看來卻是莫大的鼓舞與激勵。它可以為平凡的生活帶來溫暖和歡樂，可以為人們的心田帶來雨露甘霖，為人們帶來鼓舞，賦予人們一種積極向上的力量。在生活中，大多數人希望自身的價值得到社會的承認，希望別人欣賞和稱讚自己。所以，能否獲得稱讚，以及獲得稱讚的程度，便成了衡量一個人社會價值的尺規。每個人都希望在稱讚聲中實現自身的價值，企業的員工也不例外。

　　著名的心理學家史金納（B. F. Skinner）說，要想達到最大的誘導效果，就應該盡可能的在其行為發生之後，立即加以讚美。又如戴爾·卡內基說的：「當我們想改變別人時，為什麼不用讚美來代替責備呢？」事實確實是如此。每一位家長都有這樣的經驗，要你的孩子學好，與其用嚴厲的責備，不如用稱讚鼓勵。「你的字寫得真好！」你這樣對他說了，下一次他寫得一定更好。這一方法同樣適用於對待你的部屬，這比用命令督促要好得多。

　　西方人在這方面做得尤其出色，他們的社會氛圍造就了這樣的文化。東方人的民族文化是含蓄內斂的，但並不表示不能改變。既然能意識到什麼是好的，就應該積極的去改變。多數人都有出色的地方，每一段人生都有值得回味的經歷。多數人喜歡聽到他人對自己的肯定和讚美，這會讓他們有一種成就感，並由此充滿自信。可以說，恰到好處的讚美無論對誰都很受用。所以我們應該學習並習慣去讚美他人，你會發現原來你可以這樣的快樂，你的心胸可以那麼的豁達，你原來有那麼強的能力，在你面前什麼都不是問題，你生活在一個美好的世界！

　　優秀的管理者懂得，激勵員工最好的方法就是讚美。在員工獲得成績時，他們最想得到的，就是主管對他的一句表揚與鼓勵。你的員工感受到自己的表現受到肯定和重視時，他們會以感恩之心在工作中表現得更加出色。對於主管來說，員工的成績或許是微不足道的，但如果大方給予如蜜糖般甜美的讚美之詞，在員工看來就會是一種莫大的鼓舞。工作在員工眼中會是一片燦爛與美好，他們會將良好的心理狀態帶到工作中、帶到客戶中，這個公司的效率自然會得到提高。把讚美送給員工，即使是隻字片語，也會在他們精神上產生神奇的效應，令他們心情愉快，精神興奮。在讚美的過程中，雙方的感情和友誼會在不知不覺中得到增進，而且會帶動其交流合作的積極性。

第三章 激勵心理—用「薪」不如用「心」

　　某大型公司的一個清潔工對自己的工作十分專注，整個公司的環境因為他的存在而賞心悅目。一天大樓裡發生了火災，可是公司的一項珍貴資料需要取出，望著熊熊大火，所有的員工唯恐避之不及。事不宜遲，突然這位清潔工縱身火海……事後，有人為他請功並問他的動機時，答案卻出人意料。他說：當公司的總經理從他身旁經過時，總會不時的讚美他「你掃的地真乾淨」。

　　關鍵時刻挺身而出，並非是這位清潔工不愛惜自己的生命，恰是因為平常一句不經意的讚美。美國一位著名女企業家曾說過：「世界上有兩件東西比金錢和性更為人們所需 —— 認可與讚美。」金錢在帶動員工們的積極性方面不是萬能的，而讚美卻恰好可以彌補它的不足。因為生活中的每一個人，都有較強的自尊心和榮譽感。你對他們真誠的表揚與贊同，就是對他價值的最好承認和重視。而能真誠讚美員工的老闆，能使員工們的心靈需求得到滿足，並能激發他們潛在的才能。打動人最好的方式就是真誠的欣賞和善意的讚許。

　　讚美是貼近人的本性的激勵方法，得體的讚美，會使你的員工感到很開心、很快樂。它是一種博取好感和維繫好感最有效的方法，還是促進他人繼續努力的最強烈的興奮劑。以溫言輕語來褒獎他人，會讓對方產生接納的態度。如果有一天你對員工說：「公司對你的工作很滿意，你安心努力做下去吧！」他會覺得這一句話比你增加他薪資時還要感到高興。每個員工都想要得到主管的獎賞，想要得到別人包括團隊同事的肯定；想要別人知道自己的價值，自己的優點。這是一切交流、一切談話的基本出發點，也是古人所謂「行止於禮」的含義所在。讚美具有不可思議的魔力，是激勵員工的有力方式，管理者要善於使用讚美把自己的員工變得幹勁十足。

　　有些做主管的永遠不會對他的員工說一句稱讚的話，他們整天只是不斷的板起面孔來督促著員工，以致團隊裡顯得暮氣沉沉，毫無活躍的景象，這樣的團隊，絕對不會有長久的發展。良藥不必苦口，忠言不必逆耳，在不

改變藥效的情況下，不妨替苦藥加點糖吧。用讚揚代替批評，這是批評的藝術。我們必須承認這樣一個事實，無論員工犯了多麼嚴重的錯誤，十個員工中間，至少有九個人不會反躬自責，誠心認錯，如果此時再受到責備，那麼其第一反應便是為自己辯解。一位著名心理學家說：「稱讚對人類的靈魂而言，就像陽光一樣，沒有它，我們就無法成長開花。但是我們大多數的人，只是敏於躲避別人的冷言冷語，而我們自己卻吝於把稱讚的陽光給予別人。」

一位心理學家說，男人在外面世界與工作中追求肯定，「士為知己者死」，古時荊軻受燕太子丹賞識，願為他刺殺秦王，雖然明知必死無疑，仍義無反顧；現在也有很多「現代版的荊軻」，為老闆赴湯蹈火，往往只是因為老闆的一句話：「公司發展不能沒有你。」

前任福特汽車總裁彼得森（Donald Peterson）把鼓勵員工當作每天工作中重要的例行公事，並身體力行，每天寫紙條稱讚員工。彼得森認為管理者應該做的事情不應僅停留在把事情做對的層面上，如果只照書本做管理，只從企業經營的角度去衡量員工的努力，那麼進展必然有限。但如果同時用「腦」與用「心」做管理，誠心肯定每個人以激發個人動力，那麼當每個人都成功時，團體必能成功。

美國心理學家兼哲學家威廉·詹姆士說，大部分的人，一生只發揮了一半不到的才能，其他潛能在不知不覺中退化了，但是鼓勵與讚美可以把人的能力發揮出來；責備則會使人的能力枯萎。

從經濟學的角度來看，讚美是一種產出遠遠大於投入的投資。給人讚美，甚至不需要做物質上的付出，但卻可能得到超出想像的回報。讚美之所以有這樣的妙處，是因為當主管稱讚員工的時候，他覺得一切都是自己主動的，自己的繼續努力也是主動的。所以當管理者想讓自己的員工把工作做得更好，最好不要老是站在領導者的位置上來嚴肅的教訓他；而應留心每個下

屬的工作，找到一點點值得稱讚之處時，就緊緊抓住它來鼓勵，那麼企業一定會得到最完美的收穫。

　　每個企業都想擁有一個高效率的團隊，每個管理者都想能使自己的事業獲得成功，毋庸置疑，適時的讚美員工，提升他們的勇氣與信心，將會為你贏得這一切。一位理智的領導者，他會真誠的欣賞下屬的每一點成績，每一次努力。每一個人都希望得到別人的讚美，讚美是合乎人性的法則。這個法則也適合企業員工。對員工適當得體的讚美，會使你的員工感到很開心，很快樂，進而提升了他們的自主意識與強烈的進取心。所以，請將對員工真誠的欣賞和善意的讚許作為一種習慣吧，這個好習慣將會讓每個管理者們受用終生且獲益匪淺。

九、為員工創造快樂的工作環境

　　說到工作環境，其中物理環境對心理狀態可以產生無形的影響，心理學證明，室內照明、天花板的顏色、室內溫度、環境音樂等這些物理環境因素，都會透過改變置於這種環境中的職員的心理狀態，來影響工作中的人際關係。甚至你無法想像上級與下級之間、同事之間、分屬於不同部門的職員之間的人際關係，都會隨著物理環境因素的不同而時好時壞，但這確實是一個不可否認的事實。所以，為了讓每個員工有個好的情緒，不可忽視對物理環境的設計。

　　同時，管理者需要關注員工的工作環境，能為員工提供一個整潔而富有吸引力的工作環境，無疑會使員工的心情舒暢而提高幹勁。

　　公司要給人一種朝氣蓬勃的感覺，才能更加激發員工的鬥志，但是如果你的公司終日暮氣沉沉，平靜得像一潭死水，就如同一個小工廠機械的重複著無邊的工作，沒有什麼變動，升遷的機會越來越渺茫。或者工作固然不受

重視，但卻終日忙碌；每一次申請增加人員即被駁回；請求的工作人員是何等的苦悶和不快了。

處在這種場所中的人很容易變得孤僻、冷漠，剛開始還會不時的抱怨幾句，但過不久，就什麼話也不說，什麼事也不做。而一旦這樣下去，那麼，能幹的職員就更無法重見天日了。到這種地方就任的主管，很容易就會產生被貶的感覺，甚或自暴自棄，如此一來，這樣的主管就更奈何不得員工了。

請問你的企業中存在這樣的工作場所嗎？如果沒有，那很好。如果有，那就盡最大的努力趕快徹底的改變這種狀況吧！

改善工作環境，使它具有吸引力；去除陳腐，讓員工開拓新視野，並參與創造新局面；改善工作場所格局，使之整潔而富有生機。在適當機會，進行考察，親近部屬，相互勉勵，共同努力。多和外界建立密切的聯絡，和別的部門建立起良好的關係。譬如聯歡會、趣味競賽、郊遊等。再比如，對員工進行適當的培訓和教導。總之，使工作場所變得富有生機和效率，不要忽略它們。

靈猿善於飛騰跳躍，茂密的森林是牠們生活的樂園，高大挺拔、鬱鬱蔥蔥的喬木，葉形橢圓的楠木、蒂子對生的梓樹、可防蟲蚌的檀樹、可做染料的櫟樹等等，它們枝繁葉茂，遮天蔽日，生機勃勃。牠們在這些又粗又直的喬木之間輕盈敏捷的攀援，時而躍上，時而落下，不時還會扯住一根藤蔓，盪到另一棵大樹的樹杈上去小憩片刻。牠們在大森林裡嬉戲玩耍，逍遙自得，神氣活現，好不威風，儼然就像這深山老林中的君王，誰也奈何牠不得。由於牠們的身體十分靈巧，行蹤無定，哪怕是像后羿、逢蒙那樣的神射手，恐怕也沒有辦法去瞄準牠們。

然而，逍遙的生活只限於茂密的大森林中，若是在一片荊棘叢生的灌木林，這群靈猿就沒有大顯身手的機會了。那裡盡是生有長刺的柘樹、滿身棘刺的酸棗、味道酸苦的枳樹等等。在這些渾身長刺的灌木叢中，靈猿再也不

敢輕舉妄動了。牠們無樹可攀，無枝可跳，善於騰躍的本領無法施展，稍有行動，往往就會被繁枝利刺扎得疼痛難忍，真可謂是危機四伏。因此，牠們只能小心謹慎的在林間東張西望，左顧右盼，戰戰兢兢的爬行，全身緊張得直打哆嗦。

同樣一群靈猿，前後有著不同的表現，這並不是牠們本身出了問題，而是環境的改變制約了牠們本領的發揮。

和這些靈猿一樣，周圍環境中如果有不合適的物理條件，就可能使員工們感到很不舒適，從而影響能力和水準的正常發揮。企業周圍的環境中，有讓員工舒適的條件，也有讓員工不舒適的條件。這些條件在無形中影響著員工的心情，從而影響著員工的工作效率以及員工之間的關係。這一點，身為企業管理者，是不能夠忽視的。

心理學家的一個實驗發現，環境的物理因素可以左右處於某種環境中的人的情緒，而一個人的情緒又會影響到他對同一環境中的其他人的評價。置身舒適房間的人對目標人物做出的好評，要遠遠大於置身不適房間的人。

總之，良好的物理環境會使人心存善良，引導被測試者對觀察目標做出善意的評價；而不良的物理環境會使人產生攻擊性心態，導致被測試者對觀察目標做出惡意的評價。由此看來，如何合理設置舒適的工作環境是很重要的。

可能一提起工作，很多人都把它當成是負累，當成是包袱，這是因為他們的老闆給了他們太多的負擔。眾所周知，一個人的包袱背得太久的話，累到一定程度，很可能就會撒手扔掉這個包袱。當然，很多企業都面臨著這種放下包袱，一走了之的員工，針對這種情況，企業就不能一味的怪罪自己的員工不負責任，而是應該檢討一下自己是否給了員工太多的壓力。所以，企業要留住員工就要幫他們卸掉包袱，給他們一個好的辦公環境，愉悅的辦公場所，讓他們把辦公當成一種樂趣，只有這樣才會留住優秀人才為企業所用。

　　微軟寬鬆愉悅的工作環境讓員工感到快樂，因而他們特別熱愛和珍惜自己的工作，留住他們的不僅是優越的環境，更是崇尚自由的公司文化。1985年初，蓋茲和史特林決定將微軟公司搬遷至華盛頓州的雷德蒙，當時他們的考慮一是出於適應事業迅猛發展的需求；二也是為了遠離矽谷那種人才「三天一小跳，五天一大跳」的競爭環境，保住優秀人才。為此，公司還購進了一所完整的社區公園，面積足足有 260 英畝。公司的建設工程開始於 1985年 4 月。整個設計，與其說是一處商業公司，不如說是一座風景優美、名副其實的大學校園。

　　之後，700 個員工遷入新址工作。公司為每位員工配備一間辦公室，每間辦公室的窗戶都面對樹林。粗大高聳的松樹林幾乎將微軟公司與外界的塵世隔離開了。公司甚至把園區周邊的街道都改為微軟大道。

　　如今，倘若有來訪者在雷德蒙區微軟公司園內漫步，他一定會以為這是某所大學的校園，而不像一家公司所在地。很多人都會看到，在垂柳婆娑的蓋茲湖畔，兩位程式編寫人員正在玩雜耍；不遠處，一位亞洲婦女，用細棍子靈巧的敲擊著東方瞖琴式的樂器，一位蓄鬍子的吉他手在替她伴奏。松鼠在樹梢上跑跳、嬉戲，野鴨在草地上悠閒、蹣跚的走來走去。偶爾，幾個慢跑者和騎自行車的人從牠們旁邊經過，也沒有把牠們嚇跑。

　　與室外的一片閒情逸致相比，室內卻顯得忙碌、緊張。員工們各就各位在聚精會神的工作，只聽到一片噠噠的電腦鍵盤的敲擊聲。「微軟」的員工個個孜孜不倦，懷有對公司的高度奉獻精神。公司為激勵員工們積極工作，在每棟大樓裡設有一個「7 點到 11 點」的輕食餐點，樓內還設有飲料供應點，所有飲料都免費供應。

　　程式編寫人員的生活方式，從外表上看，似乎懶散、無序，這是因為他們的工作時間是機動自由的，有的人甚至是晚上 9 點才到辦公室上班，第二

天清晨 5 點下班。他們的辦公室裡堆滿了動物標本，觀賞金魚的水族箱、弓箭等各式各樣的收藏品。這些人衣著隨便、鞋襪不整，生活不拘小節，午餐往往到鄉鎮小酒吧，隨隨便便應付一下。一次，有位來訪者問接待人員，為什麼程式編寫人員如此隨隨便便。接待人員乾脆的回答：「因為這對工作有利！」

關於辦公室的工作環境，比爾蓋茲有句名言：「只有創造者才能享受辦公的樂趣。」在比爾蓋茲的眼中，關於辦公室的設計，有他自己的想法。而這個想法正好可以藉以表達他對微軟企業文化的主題掌握，在微軟，最提倡的是平等競爭、自由工作的精神。因而，在辦公室的設計方面，他也認為，辦公室和人的等級無關，和人的智慧有關。

他認為，只有在一個獨立的富有個性的環境中，軟體發展人員的智慧才有可能最大限度的發揮。但是，一個更大更舒適的辦公室卻不能使一個高階經理更加聰明，反而會助長其高人一等念頭，進而變得愚蠢。

1980 年代初期，微軟公司開始修建總部時，大開間的辦公區在美國很是流行，但比爾蓋茲堅持讓每一個員工都擁有一個單間辦公室 —— 大約 11 平方公尺，裡面擺著電腦、一個圓桌和幾把靠背椅，沒有沙發。不論是新來的大學畢業生還是公司高階管理人員，全都一樣。這種空間格局潛移默化了一種人人平等和張揚個性的思想，與美國東部那些老牌公司中的等級制度背道而馳。現在，總部員工已經有 18,000 人，比那時多了上百倍。辦公區域不斷擴大，樓房號碼已經排到 127 號，但比爾蓋茲仍舊堅持他原來的主張。所以，每一個進入微軟公司的人，從第一天起便能享有單間辦公室的種種樂趣。要讓所有人擁有單間辦公室，又要讓盡可能多的辦公室擁有一個朝外的窗戶，這使得微軟的辦公樓全都造型奇特，第一批建造起來的 10 棟樓房，都是「星型」建築，以後的則五花八門，奇形怪狀。但不論什麼形狀，全部是兩層，裡面的走廊則會因為外形的不同而變化多端。

　　可以說比爾蓋茲在為自己的員工提供一個快樂的工作環境上花了不少心思，他盡量為員工提供最舒適的物理環境，讓他們在自己喜歡的，能盡情舒展自己的空間裡盡情的發揮對工作的熱情，從而更死心塌地的為公司服務。

　　那麼只要創造一個舒適的物理環境，就足夠讓員工感覺到快樂嗎？

　　當然不是！對於如何創造快樂的工作環境來說，物理環境固然重要，精神環境更加重要！

　　現在有不少老闆工作時一臉嚴肅，令下屬生畏，更不敢提反對意見，結果他還以為是員工對自己認可，其實不然。有的管理者平常只會發號施令，從不輕易露出笑臉，更不會說個笑話調節氣氛，員工犯了錯就狠狠訓斥一番，久而久之，員工見了他就像老鼠見貓一樣，這樣的企業物理環境再怎麼舒適，也不是個健康的企業，這樣的老闆也是個不合格的管理者。

　　人力資源專家就此指出：那些一向高高在上、板著面孔、無法與員工接近、讓員工畏懼的管理者將會被社會淘汰，未來健康企業的領導者不僅要自己做個快樂的人，還要懂得如何讓員工在快樂中工作。一個詼諧幽默的管理者，時不時開心一笑，不但能夠化干戈為玉帛，而且走到哪裡，哪裡就瀰漫著快樂的氣氛。很顯然，當員工融入這種輕鬆和諧的氛圍中時，自然會心情愉悅，快樂的工作了。

　　實驗證明，快樂有著無窮的感染力，它不僅影響人的行為，也是員工成功的重要因素。只有當員工在充滿快樂的環境裡工作時，才會精力充沛，做得更加出色。

　　所以說，一名出色的管理者除了要為員工提供一個舒適的物理環境外，更要為員工創造快樂、輕鬆的工作氣氛。

　　微軟在為員工創造快樂的精神環境這方面同樣做得很出色。掌它的研究環境來說，它的每一個研究機構都只有不變的大方向來啟發員工和幫助決定研究方向。除了大方向外，研究的專案、細節、成敗全部都由研究員自己來

全權決定，對研發人員而言，良好的待遇雖然是重要的，但更重要的是——能得到充分的信任，得到極大的自由發揮的空間，並讓自己沒有後顧之憂。

正是因為微軟大學式的工作場所，獨立的工作環境，以及寬鬆的工作時間，都為微軟的員工在工作過程中帶來了愉悅的感受，所以微軟的員工已經在這裡形成了一種自由「惰性」，也就不願意離開了。

如果說「失敗乃成功之母」，那麼，快樂就是成功之父。所以，企業能讓員工快樂的工作，在工作中享受愉悅和滿足，是一個企業對人力資源管理的理想藍圖。員工從快樂中迸發出熱情和靈感，獲得不斷努力投入工作的力量泉源。另外公司的目標也自然會水到渠成，這就是「雙贏機制」。

「天生我材必有用」，誰都可以是人才，誰都可以在不同的領域內獲得培養和提升，關鍵是員工是否跟對了老闆，老闆是否把員工放對了位置。如果都能夠得到肯定的答案，就是快樂工作的開始。

工作中管理者總是傾向於拿自己來規範員工，這樣就會固定員工的類型，造成人才樣板化。一個團隊不可以人才樣板化，否則就會造成「營養失衡」，影響團隊的長期發展。所以撇開個人的喜好，撇開「優秀人才」片面的固定模式，真正摸索到每個職位的基本勝任要求，找到與之適配的員工，員工就能在自己的職位上實現自我，找到工作的成就。所以，管理者要將關注點集中於每個職位未來發展所必需具備的潛力，在重要職位中選擇一些優秀員工作為分析對象，分析他們在工作中所表現出的優於其他員工的一些共同特質，並搭配合適的測驗工具作為選拔員工的標準。

要讓員工在工作中得到樂趣，企業管理中就首先要有自由思想。領導者要鼓勵員工在工作中暢所欲言，消解對工作模式干預的固定欲望，不灌輸太多個人想法。工作的目標只有一個，完成目標的方法卻有很多種，管理者不給出單一的答案，就是為了挖到員工心中的答案。很多企業非常鼓勵經驗分享，經常為員工安排優秀員工座談會、經典案例分享等活動，以此來交流提

高彼此之間的業務知識及技能，這也促成了企業團隊任務的理想完成程度。最高管理層的做法影響著企業的每個管理者，雖然老闆不做決定比做決定更難操控，但為了員工未來的發展，應該有更多的空間給自己的員工。

而且，讓員工快樂，就應該允許他們犯錯。做「允許犯錯」的管理者，是因為企業想培養出勇於創新的員工。小公司要想一躍成為行業佼佼者，員工需要承擔的任務、經歷的挫折都會有很多，而管理者不斷給予的機會不僅是鼓勵員工創新的保證，也是員工在實戰中累積經驗，快速提升自我的平臺。但是也應更注重員工對錯誤的認知是否正確，犯錯後的「三個主動」非常重要：主動承擔錯誤，並盡量彌補損失；主動分析犯錯的原因，找到解決的方案；主動改正錯誤的做法，避免類似錯誤的再次發生。

此外，員工可以做自己想做的事，但是不可以偏離公司發展的軌道。制度是員工「有為」的約束，是確保員工不偏離公司軌道的保障，完善的制度可以降低企業發展的風險，使員工有更大的發揮空間。所以，制度不僅是反映企業管理思想的核心，同時也是衡量企業是否能有效控制風險的標準。

最後，交流溝通，傾聽員工的心聲，重視他們的想法可以將員工與公司更加團結起來並保持步調一致。每個管理者都應重視不同層次的「流通性」，連鎖企業人力資源部，應該定期走訪各級一線員工，並把員工的意見和想法作為參考意見，作為決策的依據，不能忽視任何一個市場區域的反映。其次，高品質的內部刊物、組織團體活動，其傳播效果很重要，旅遊、運動、競賽等，可以拉近員工和企業之間的距離，增強內部的向心力和凝聚力。

微軟公司為了給員工辦公的樂趣，可謂是傾其所有財力物力，不僅為員工打造了一個讓人工作起來心情舒暢的環境，而且人人還有一個自由發展的空間。微軟的成功讓很多企業羨慕不已，但是成功的背後付出的是艱辛的努力，微軟的努力把優秀人才留了下來，也把快速的發展留了下來。這是很值得每位管理者學習借鑑的。

十、將心比心，用關心激勵員工

在企業裡，我們常常可以聽見管理階層這樣的抱怨：「唉！也不知是怎麼搞的，員工們整天怨氣沖天，好像總也不滿足，一會嫌薪水賺少了，一會抱怨工作太多不夠輕鬆，一會又是抱怨工作沒有意思……反正這也不是，那也不好的，似乎外面的世界哪裡都比這裡好。」

我們還可以常常聽見員工們在一起竊竊私語：「唉！也不知我們的主管整天都在忙些什麼，怎麼安排工作的，也不替我們想想。」

於是老闆們嘆息道：「現在這世道，人是越來越難管了，我整天都快累死了，他們卻在一旁無動於衷，好像什麼事都是我一人的。」

這種現象並不少見，很多企業幾乎都存在這樣的現象。那麼導致其產生的原因又是什麼呢？

首先，管理者本身有不可推卸的責任。其一：員工不可能像機器一樣有個按鈕開關隨便把玩，主要是因為人是有感情的動物。管人這門學問實在是大大的深奧，要不怎麼說管理是一門藝術！固然，管理作為一門科學，有其共性、規律性這類的東西，但其中非規律性的，可以供發揮的地方太多了。管理者要想讓自己的企業蒸蒸日上，蓬勃興旺，就一定要在控制人心上下工夫。其二：這些矛盾的根源，就在於管理者在企業的管理過程中沒有做到「將心比心」，也就是說領導者沒有與下屬做到換位思考。你不「夠意思」，怎麼要求別人對你「夠意思」呢？

其次，我們知道大多數人都有一種「你敬我一尺，我敬你一丈」的心理。作為管理者，如果能在人性的這種特點上多花心思，效果將是令人滿意的。要想讓員工「夠意思」，身為上司的你就必須做到換位思考，將心比心。如果你珍惜員工們的付出，又善於體恤他們，這將會激發出他們的源源不斷的熱情。

什麼是換位思考，將心比心呢？先來看個故事。

有位中年男子去商店，走在前面的年輕女子推開沉重的大門，一直等到他進去後才鬆手。他向她道謝，女子說：「我爸爸和您的年紀差不多，我只是希望他這種時候，也有人為他開門。」聽了這話，我想大家心裡應該很溫暖，想到很多吧？

古往今來，從孔子的「己所不欲，勿施於人」到《馬太福音》的「你們願意別人怎樣待你，你們也要怎樣待人」，不同地域、不同種族、不同宗教、不同文化的人們，說著大意相同的話。

換位思考能有效的消除隔閡，減緩矛盾，縮短心理距離，它的基礎就是正確的理解和尊重人性，因為人性在很多方面是相通的。一個企業就像是一個大家庭，在企業內所有人工作奮鬥的總目標應該是一致的，而且在一個系統中強調的是整體運行，某個子系統不能正常運行則整個系統都會受影響，因此加強工作中的相互連結，做好業務上的相互溝通，協調好團隊內部橫向和縱向的關係是一切企業組織管理必須要做的工作。

松下幸之助從長年累積的經驗中總結出這樣一條的管理心得：「你一方面要管理得當，不挫傷大家的上進心，同時，又要表示出自己對大家的關心；還要在下了一道指示命令之後，自己也投入到職員中去，跟大家共同分擔責任，這樣才能獲得大家的信賴。老闆只有獲得職員的一致信任，事業才有前途可言。」在松下成功管理的經驗中，其中最突出的一點就是掌握人心的功夫，他深知憑權力地位激勵員工，所得功效很小，只有用誠意去獲得員工的敬意與信任使員工一律忠誠的跟你合作，事情才會順利進行。松下電器的各種產品，在正式上市前，松下幸之助總會自己親自試用很多次，而且對研究人員和生產負責人提出很多的疑問，務求做到最完美。電鍋部門推出一款新產品時，他在開董事會的時候，用新型電鍋在董事會議室煮飯，叫了些菜回來，董事們一同試吃新電鍋煮出來的芳香米飯。松下幸之助吃過第一碗飯後

說：「這樣香噴噴的白飯，真叫人開胃。」說完，第一個先添飯的是他。他臉上的表情是又滿足又感激。這一情景使在場的工作人員非常感動，而電鍋生產部門的職員，從研究組到看守倉庫的人員都感到無上的欣慰與鼓舞。

曾任松下電器集團總裁的山下俊彥說，松下幸之助退出管理最高職務後，曾以松下企業集團最高顧問的身分，到馬來西亞訪問。當時，松下機構在馬來西亞開設有四間廠房，由於行程上的安排，松下只能到其中的三家工廠去視察。在離開馬來西亞之前的餞別會上，松下幸之助贈送紀念禮品給四家廠的代表。他問：「你們四人之中，哪一位是來自我沒去拜訪的工廠的代表？」一位代表站了出來。松下幸之助帶著歉意對這位代表這樣說：「我從老遠的地方來，可惜抽不出時間到你的工廠去拜訪，請回去轉告大家一聲，說我很抱歉。」當時，場面十分動人，而那位代表，事後當然把松下幸之助的誠意轉達給他所屬廠內的各位職員。

松下幸之助對員工夠意思，讓員工心存感激並且樂意全心全意的工作，從而為松下公司創造了更多的財富。

松下幸之助之所以能夠做到這些，就是因為他並不是總把自己放在老闆的位置上，而是時時讓自己進入基層員工的角色。如此他便最能了解底層員工們在平時的工作中最希望在老闆那裡得到什麼。這樣一來，老闆如此「夠意思」，還怕員工們不買帳不「夠意思」嗎？

換位思考是協調工作、消除衝突、增進理解、互相溝通的一個有效辦法。企業管理者在經營過程中經常會發生各式各樣的矛盾，諸如經營與決策之間的衝突、員工與老闆之間的衝突、部門之間的衝突、分公司與總公司之間的衝突困擾。我們說有衝突在企業中不一定都是壞事，發生衝突可以暴露企業中存在的問題，管理者就是為解決問題而去工作的。解決問題有助於企業的發展，但是衝突如果得不到解決則是一件壞事了，發展下去就會影響人與人之間的團結感情，以致對工作不利，產生分裂團隊的作用。

說穿了,「夠意思」也是用情感來激勵人的一種手段,上級給了下屬一個讓他們感覺欣慰的情感,他們自然也會報答出自己的真心誠意。要索取先得要付出。作為企業的管理者,自然先要為員工付出真情誠摯的關心、關懷之後,員工才會死心塌地的為你效力。

換位思考實質上是人本管理的表現,更強調滿足人的心理需求,透過潛移默化而非規章制度,來樹立我為人人,人人為我的觀念。因此,企業應當形成一種氛圍,深入人心,把換位思考作為企業文化的一個組成部分,融入到每個員工的靈魂深處,落實到每個員工的日常行為中,從根本上增強員工的責任心,形成管理上的良性循環,促進企業的發展。

十一、凝聚員工戰鬥力的利器 —— 企業文化

如果說敬業是現代企業的靈魂,那麼企業文化則是靈魂中跳動的脈搏、流動的血液,是企業立於不敗之地的法寶。一個成功的企業都有正確的企業文化。有相當多的管理者對於企業文化的認知存在偏差。他們認為企業的文化就是自己的文化,自己設定一個什麼樣的文化、什麼樣的制度,員工就應該照葫蘆畫瓢。不管這個瓢是圓是扁,作為員工只管照樣子畫就對了。如果有什麼疑義那就是對企業的不忠,就該受到懲罰,甚至應該走人。

事實似乎也確實如此。但長此以往,企業就形成了以老闆文化為核心的奴化式的企業文化。在這樣的企業裡,把大家「凝聚」在一起的共同基礎不是真正的精神核心,不是共同的願景目標和價值觀,而僅僅是薪水而已。很難想像這樣的企業文化能為企業帶來多少凝聚力和創造力。沒有了凝聚力和創造力的企業還能堅持多久?還能走多遠?

我們吃著麥當勞、肯德基,喝著可口可樂,並不是因為它的東西特別好。許多本國製造的產品,在國內名不經傳,僅僅貼上了外國某廠家的標

籤，在國際市場就會很暢銷。為什麼會有這麼大的差別呢？可能大家都說，因為那是名牌呀！其實背後支撐他們的是他們的企業文化。

正確的、優秀的企業文化應該得到全體員工的認同。而每個員工都應是企業文化的創造者、完善者和表現者，而不是被動的承受者。若企業文化僅僅停留在口頭或者紙上，僅僅依靠嚴格的規章制度來強制員工遵守，是不能稱其為企業文化的。

正確的企業文化能成為員工的自覺之物，具備一種強大的自然整合力。實際上，文化的根本標誌就在於它的自動整合功能，它強大得無須再強調或者強制，它不知不覺的影響著每個人的思想和精神，從而最終成為一種自覺的群體意識。只有達到這種程度，一個企業的價值理念體系才可能被稱之為企業文化。

企業文化的作用在於形成能夠促進企業持續成長的良好價值觀。那麼，這一價值觀又是如何促進企業成長的呢？我們知道，企業的成本有兩個方面，一是外部交易成本，二是內部交易成本。企業外部成本主要是依靠企業的市場能力，而企業的內部成本則主要依靠管理效率的提高。優秀企業文化所產生的凝聚力和向心力，對於管理效率的提高又有著至關重要的作用。打個比方說，有兩臺功率相同的引擎，分別裝在一艘水上摩托車上和一艘大船上，水上摩托車因為體重較輕自然跑得更快。如果將引擎視為企業擁有的核心資源，那麼，擁有同樣資源的兩家企業的成長速度，將在很大程度上取決於企業的「體積」和「體重」。這種「體積」和「體重」則取決於企業的管理及其效率，比如共同價值觀的選擇與錘鍊，企業目標、部門目標與員工個人目標的一致性，企業組織結構的合理設置及其運轉效率，企業制度的人性化與可操作性、持續創新性，企業流程的順暢與持續完善，企業內部資訊傳遞的暢通，企業內部溝通體系的健全與不斷完善等等，這些管理工作做好了，企業的內部團隊意識將逐步緊密，資源配置的效率也將大大提高，企業

的「體積」和「體重」將自然「縮小」和「減輕」，企業的競爭力將大為提高，成長速度自然快起來了。反之，企業將成為一群「烏合之眾」，沒有目標和方向、相互排斥與攻擊、沒有合作精神，「體積」不斷增大，「體重」持續增加，這樣的企業，能夠維持就不錯了，成長則是不可能的事情。

知識經濟時代的企業競爭，不光只是產品、銷售、服務等方面的競爭，還是企業文化、企業形象的競爭。建設現代化的企業文化，是決定企業能否實現企業持續發展的關鍵問題。從某種意義上說，企業文化才是企業最持久的核心競爭力。就像美國的管理大師米勒（Miller）所說的：「在未來的全球性競爭時代中，企業唯有發展出一種能激勵員工在競爭中獲勝的行為文化，才能在日益激烈的競爭中立於不敗之地。」

一位教官向一班學員講課時，向學員出了一道題目：「現在由你來領導本班，讓大家全部自動走出室外，切記！要大家心甘情願！」第一位學員不知道怎麼辦才好，回到座位。第二位學員對全班的學員說：「教官要我命令你們都出去，聽到沒有！」全班沒有一個人走出室外。第三位學員是這麼做的：「大家都聽好了，現在教室要打掃，請各位離開！」但仍然還有一部分人留在教室內，值日生在待命掃地。第四位學員看了紙片上的題目一眼後，微笑著對大家說：「好了，各位，午餐時間到了，現在下課！」不出數秒鐘，全教室的人都走光了。

讓別人為自己做事，而且是心甘情願，該怎麼說、如何說，都是一門藝術。用權威來壓人或者講大道理來說服，都不會收到好的效果。只有將自己的目的和對方的意願或者切身利益結合起來，才能得到雙贏的結果。

一個企業如果沒有和員工建立起共同的信念，談何利益相關？但凡優秀的企業，都是透過確立共同的信念，整合各類資源，牽引整個團隊不斷發展和壯大，引導成員透過團隊目標的實現，實現個體目標的。

第三章　激勵心理—用「薪」不如用「心」

對於一個企業而言，要想讓員工全心全意的熱愛、信仰、遵從企業文化，最好的辦法不是強制其全盤被動的接受，而是讓他們參與進來。只有員工自己參與了，關於員工的切身利益、自身目標和企業的利益、願景目標達成一致了，員工才會從心底到行動都接受，認同企業文化。

既然洗腦是權宜之計，那什麼才是建立好的企業文化的正途呢？

建立良好的企業文化，首先要努力在企業和員工之間建立起一種長期的相互信任和相互依賴的關係。以長期僱傭為出發點，以外部勞動力市場為依託，強調對員工個人能力的培養與開發，重視客觀公正的績效考核，注意公平合理性，強化企業與員工之間的互利合作意識以及一般員工的參與意識，這樣才能得到員工的信任並最終留住員工。然後，在各項具體的人力資源管理政策與實踐上，注意積極推動企業的文化建設。整體上，需要注意以下五點：

1. 企業在制定每一項人力資源管理政策和制度的時候，都必須樹立「人高於一切」的價值觀，並堅持將這一觀念貫穿於企業的所有人力資源管理活動之中。企業及其管理人員必須承認，員工是企業最為重要的資產，他們不僅值得信任、需要被尊重和公平對待、能夠參與決策，而且每個人都有自我成長和發揮全部潛力的內在動力。

2. 努力貫徹以價值觀為基礎的僱傭政策。企業在招募和挑選新員工時就應當注意執行以價值觀（符合企業文化要求的價值觀）為標準的僱傭政策。利用精心安排的面談等手段判斷和確定求職者的價值觀（如追求卓越、合作精神等）與企業的主導價值觀是否一致。

3. 為員工提供就業保障和相對公平合理的報酬。首先，企業應盡量避免因外部原因隨意解僱員工，從而為員工提供一種長期的工作機會。其次，企業應為員工提供包括高於市場一般水準的薪資獎金和額外福利在內的

一整套報酬，並且使員工有機會分享企業的利潤。這兩個方面的內容都是要促使員工將自己看成是企業共同體中的一員。

4. 透過工作團隊形式的調整和參與管理，在員工中創造一種團結合作和共同奮鬥的價值觀。這包括：建立企業與員工進行雙向溝通的正式管道和員工參與管理的辦法，確保員工受到公平對待，並切實保障雇員享有參與管理的機會。

5. 制訂各種人力資源開發計畫，努力滿足員工的各種自我實現需求。不僅保證員工有機會在工作中充分發揮自己的技藝和能力，而且為員工個人提供長期發展的機會，注意從長期職業生涯的角度來幫助他們設計、實踐個人的職業目標。為此，企業應致力於廣泛運用工作輪換、在職以及培訓、內部晉升、組織團隊、績效評價以及職業生涯設計等各種方式，來幫助員工進行自我提升和自我發展。

企業文化不是擺設，不是裝飾品，企業文化是一項十分艱鉅的工程。任何能撼動人心的東西並非朝夕之功。古人云：「千里之行，始於足下；合抱之木，生於毫末。」所以企業文化的建設要於細微處提煉精神，於繁瑣中提取精華。透過建立正確有效的企業文化，可以構築全體員工共同的價值觀，進而改變落後的、消極的思維方式和工作模式。因此，文化的激勵功能就能夠發揮出來了，進而就能轉化成無往不勝的戰鬥力。

十二、意味深長的獎勵：認同

善於認同是企業領導者所應具備的基本素質。領導者一個信任的微笑，一次肯定的頷首，一個激勵的眼神，一句鼓勵的話語，都足以驅散員工沉積在心底的自卑陰影，打破凝結在員工心頭的誤解堅冰，使其找回失落的自尊，喚醒塵封的潛能，進而使其產生新的價值追求和創造衝動。尤其是在當

今知識經濟時代，隨著知識型員工的增多，透過認同來激勵員工就更加成為一種重要的管理藝術。認同出人才，認同出幹勁，認同出效益，認同使得管理活動更加精彩。

美國一位績效管理顧問曾這樣說：「許多人說他們更希望自己的公司能給予他們認同，而不是有形獎勵。大多數員工渴望老闆的眼裡有他們，並對他們說『我喜歡你能那樣做』。」在企業裡，大多數員工都非常渴望得到認同。當員工出色的完成了某項工作時，最需要得到的其實是主管對其工作的肯定。主管的認可就是對員工工作成績的最大褒獎和激勵。

在一個群體中，任何人都希望被人接受、尊重，由此得到賞識，只要他能從你那裡得到這些美好的東西，他就會感到你的友善，你也會因此受到他的歡迎。管理者與員工之間有一種特殊的人際關係，管理者要實現其領導功能，除了依賴其權力性影響力和自身的品格、知識、才能等非權力性影響力外，更重要的是能被員工接受、歡迎。這是因為，前者是相對穩定的，不易在短時期內改變，因而管理者和員工的關係就成了能否有效激發員工工作動機的最大變數。這就要求：首先，接受員工；其次，贊同員工；再次，認同員工。

美國某機構進行的一次調查顯示：對員工的認同可以大大增進他們對工作的滿意度。大多數受訪者說，他們很珍惜他們的上級、同級人員和小組成員對他們工作的認同。調查的專案經理說：「如今，對工作的認同比過去要重要得多。員工們越來越相信，他們對工作的滿意度有賴於上級對他們工作表現的認同，以及足夠的薪水。這對於那些對自己的工作非常感興趣、對自己的業績感到滿意的員工們尤其如此。」認同可以為他人驅散積在心底的自卑的陰影，可以為他人找回失落已久的寶貴的自尊；可以為他人校正迷失的價值追求的方向；可以為他人喚醒早已塵封的潛能；可以為他人誘發心中創作衝動的萌芽。

　　一些精明的領導者會利用會議場合認同員工。在會議上，他們會感謝員工的表現、成果和忠誠等。來自美國的另一項調查顯示：76%的美國工作者把在會議上獲得公司認同看作是一種意味深長的獎勵。美國布蘭佳培訓與發展有限公司（Blanchard Training and Development）的員工在每次公司會議結束後，都會就他們受到公開表揚的情況交換看法。對出色的員工表示認同，可以在任何時候、任何場合，以任何方式進行。

　　美國賓州霍爾沙姆市的一家金融服務公司常運用這樣的認同方式：發放麵包和糖果，這使公司服務部門（如財務部、櫃檯接待處等）感到驚訝；代員工購買「忍者龜」裝飾品，因為該員工工作太忙，沒空替孩子籌辦生日晚會；送有字母組合圖案的帆布手提箱，以慶祝一名員工被升遷為管理人員；在當地公園裡舉行野餐會，用香檳酒和部門負責人親自做的草莓脆餅招待員工，令員工興奮不已；頒發「Life Saver」獎（十幾盒 Life Saver 糖果）和禮品證書，以此感謝員工們在過渡階段為填補兩個工作職位上人員的空缺所做的努力等等。

　　位於水牛城的美國聯邦儲備銀行認同員工的方式，更是大張旗鼓的進行 —— 成立了「出納員認可週」。在「出納員認可週」內，出納員會收到鮮花、糖果、感謝信，銀行還請他們吃早點，專門為他們印製 T 恤，並為他們舉行一場晚會。這讓那些「受寵」的出納員們著實激動了一回。

　　一位資深人力資源管理師與領導力培訓師在 A 市負責顧問專案，順便拜訪了當地顧問培訓業的一個朋友，他經營著一家非常優秀的培訓公司！該公司在當地顧問培訓市場算是佼佼者，無論是公司的人才構成還是專業化素養，在本國同行中都是一流的！公司在該行業中已經四年，累積了大量的專業經驗，其服務的專案廣受客戶的認可。

　　但是，公司領導者始終無法對公司業務人員的業績感到滿意，於是邀請

這位人力資源與領導力培訓師為其公司業務部門進行診斷與為時三個小時的輔導。在沒有進行診斷前，總經理告訴培訓師存在的問題，主要是員工特質與能力不能適合培訓行業的發展需求，並點名批評幾個職員沒有業務人員應有的膽識與信心，悟性不夠！按照總經理的要求，他選擇了五個業務人員的電話錄音來評估業務人員的溝通技能。

　　培訓師認真的聆聽了每一個業務員的錄音並分別作了精彩的講評。現場講評中，培訓師對這幾名業務人員讚賞有加！最後，培訓師作了三個小時左右的「與客戶溝通」的現場培訓，雖然沒有任何電腦和課程資料工具，但是過程得到了所有公司職員的高度認可！課程幾次被持久的掌聲打斷。「你們的專業服務技能在同行中絕對是數一數二的！」培訓師對所有人豎起了大拇指。

　　現場歡聲雷動，有幾位女孩子感動……因為她們從來沒有被如此賞識與認可！課程結束後，幾位業務人員很認真表達了她重新拾回的信心與勇氣，她說她們也一定會成為一個出色的諮詢顧問！公司老闆在培訓師的要求下開始公開自我檢討，這就是有生命力的團隊特徵。

　　認同比贊同具有更深刻的內涵，贊同是對過去行為的肯定，而認同飽含著管理者由對下屬人格、工作能力等的信任而產生的對下屬的無限期望，期望下屬有更出色的表現，能承擔更有挑戰性的工作，負更多的責任，這無疑會對下屬產生極大的激勵作用。管理者的認同是一種期待，管理者期待員工做出怎樣的行為，如果這種期待能讓員工清晰的感覺到，員工就會努力實現老闆的期待。上級的態度、評價會比一般同事對員工的認知產生更大的影響。當老闆對員工寄予期望，認為員工有更大的潛力和發展空間時，員工不僅將其看成是一般的讚美而滿足，還會認為自己真正有能力，能夠做得更好，從而激發出無限的成就動機。認同激發出的成就欲不僅會使員工工作充滿生機，提高工作效率，而且也能真正確立領導者在員工心目中的地位，融

洽上下級關係，同時還會提升管理者的管理效能。

對於認同，美國作家兼管理顧問羅莎貝斯・莫斯・坎特（Rosabeth Moss Kanter）曾說：「認同 —— 當眾說句『謝謝你』，也可以在說話的同時送一件有形的禮物，會產生許多禮貌所無法做到的作用。對於員工來說，被認同意味著有人注意到他們，有人關心他們，雖然看上去只有一點點差別。對於公司裡的其他人來說，認同可以造就英雄，傳達標準 —— 就是這些人在這裡發揮了強大的作用。」他還說：「對員工表示認同做起來非常容易又省錢，簡直沒有任何藉口不這樣做。」下面是坎特提供的總經理對員工成功進行認同的七條指導原則，值得現代企業老闆遵循和採納：

1. 強調成功而不是失敗。如果你忙於尋找消極的東西，你就容易失去積極的東西。

2. 對員工的認同和獎勵要公開進行，並要做好宣傳。如果不公平，認同就會失去作用，達不到認同和獎勵的目的。

3. 老闆要親自做出認同，並且要態度誠懇，要避免華而不實或做過了頭。

4. 對員工的認同和獎勵，要從員工的特殊需求出發。你可以提出多種可供選擇的認同和獎勵辦法，以便管理人員在特定的場合，選擇適合個別員工需求的適當方法對他們的成就做出認同。

5. 選擇時機是關鍵。要有計畫的對員工所做出的貢獻加以認同。要在員工們將要獲得成就前進行獎勵。對大多數的獎勵而言，獎勵時間的滯後會削弱激勵效果。

6. 設法將獲得的成績與獎勵清晰的、毫不含糊的、緊密的連結起來，要使員工明白他們獲獎的原因及給予獎勵的標準。

7. 對「認同」進行認同，就是對那些給予他人（為公司做出貢獻的員工）認同的員工進行認同。

第三章　激勵心理—用「薪」不如用「心」

　　在日常工作中，員工為了獲得認同而付出的努力，往往會比做其他事情付出的努力更多。因此，明智的管理者應深諳此道，是員工的突出貢獻推動著企業的騰飛。當員工獲得了出色的業績時，迫切需要你的認同。對員工的認同，不僅是對員工的成績所持的一種尊重態度，更是一種無形的激勵。

　　企業要善於表達自己對員工的肯定和認可，這本身就是對員工的一種非常有效的激勵行為。那麼，應當如何認同員工呢？以下幾點不容忽視：

1. 公開表揚。在公眾面前跟他握手並表達對其賞識；在會議上進行公開宣傳；將員工的事蹟刊登在公司的小報上或其他報刊上等。

2. 說聲「謝謝」。簡單的兩個字勝過千言萬語。一家外商公司的很多本國員工都接到過總經理親自打來的電話，對這些員工的出色表現表示感謝。

3. 親自寫信或發郵件。總經理不妨寫封鼓勵信或發電子郵件來讚賞員工一番，更有效果。

4. 頒發認同書或獎章。證書和獎章是榮譽的見證，為出色員工頒發認同書或獎章，可以增強其自豪感。

5. 手工製作一張「感謝卡」。某公司啟動了一項「感謝」程序：總經理向那些工作成績超出期望值的員工送出個人手寫的感謝卡和小禮物，以示認可。

6. 贈送獎品和特殊紀念品。如送一瓶酒或香檳；在該員工的辦公桌上放滿氣球；將一本心愛的書贈給員工當作禮物等。

7. 擴大職責範圍或晉升。適當的擴大員工的職責範圍或給予晉升的機會，這也是認同員工的一種有效行為，從而讓員工獲得受重視感和責任感。

　　建立認同感更深遠的意義在於，它能夠開啟人內心深處的力量和價值泉源。潛藏在人內心深處的力量是無窮的，作為管理者所要做的就是去啟動這個力量的泉源。因此，沒有文化和精神認同感的企業，即使再能夠賺錢也註

定是一部不會長久生存的賺錢機器，因為這就如同是心靈的荒漠，而人是無法長久的在荒漠中找到生命所必需的營養的。而在我們看來，企業不應該成為心靈的荒漠，所以請適時的給你的員工多些認同吧！

第三章　激勵心理—用「薪」不如用「心」

第四章

商戰心理 —— 建造堅不可摧的企業航空母艦

企業在發展過程中，必須接觸各式各樣的族群，這裡有合作者，有競爭者，還有作為企業衣食父母的消費者。那麼企業要想在激烈的市場競爭中獲取勝利，要想贏得眾多客戶的青睞，不僅要學會洞察客戶的心理，了解客戶的願望，而且還要善用企業管理的心理學知識，這樣才會為企業的成功增加籌碼。

一、堅持誠信，企業最好的名片

儒家文化提倡仁、義、禮、智、信，這一切最終都應歸結到「誠信」之上，不仁者奸詐，不義者狠毒，無禮者不誠，而無智者又談何為「信」？所以說，做人一定要講誠信，做一個生意人更要講誠信。

誠信做人從來都是優秀的傳統，也是企業經營的道德底線。誠信不僅是人心的底牌，也是商業活動中的遊戲規則。擁有了誠信，就會擁有「人心市場」。沒有任何一個消費者會願意與不講誠信的企業再次交易，所以作為企業的管理者就必須奉行和堅守誠信理念，鼓勵和保護誠信行為。

建立一個成功的企業，就要把這種理念培育成為全體員工對企業形成的共同的理想信念，共同的奮鬥目標和共同的精神追求。雖然現在有很多活躍企業文化的方法，但是任何時候絕不能丟掉「誠信」這一最根本的企業精神。因為這是脊梁骨，這是核心。在貫徹誠信精神的過程中，發揮最重要作用的就是領導者，領導者本身要以身作則，身體力行，把自己的意志和全體員工意志進行集中。講誠信為本，首先領導者就要講誠信，做出個樣子來，形成一個強大的精神合力。只有這樣，才能做到「眾人同心，點石成金」，形成一個上下和諧，內外和諧的一個企業，才能夠使你的企業百年常青。

在中國古代也有很多人都是講誠信的，幾十年前所定下的契約，以後也不會改變，這些人大多也因此做成了自己想做的事情。

在春秋戰國時，秦國的商鞅在秦孝公的支持下主持變法。當時正處於戰爭頻繁、人心惶惶之際，為了樹立威信，推進改革，商鞅下令在都城南門外立一根三丈長的木頭，並當眾許下諾言：誰能把這根木頭搬到北門，賞金十兩。圍觀的人不相信完成如此輕而易舉的事能得到如此高的賞賜，結果沒人肯出手一試。於是，商鞅將賞金提高到五十兩金。重賞之下必有勇夫，終於有人站出來將木頭扛到了北門。商鞅立即賞了他五十兩金。商鞅這一舉動，

在百姓心中樹立起了威信，而商鞅接下來的變法就很快在秦國推廣開了。新法使秦國漸漸強盛，最終統一了中國。

當然歷史上也不乏不守誠信之人，這些人往往也因此嘗到了惡果。

就在商鞅「立木為信」的地方，在 400 年以前，卻曾發生過一場令人啼笑皆非的「烽火戲諸侯」的鬧劇。

周幽王的寵妃褒姒因不習慣宮中的生活，加上養父被殺，心中憂恨，平時很少露出笑容，周幽王為博取佳人一笑，下令在都城附近 20 多座烽火臺上點起烽火——烽火是邊關報警的信號，只有在外敵入侵須召諸侯來救援的時候才能點燃。結果諸侯們見到烽火，率領軍隊聞警來救，弄明白這是君王為博妃一笑的花招後又憤然離去。褒姒看到平日威儀赫赫的諸侯們手足無措的樣子，終於開心一笑。五年後，西夷犬戎大舉攻周，幽王烽火再燃而諸侯未到——誰也不願再上第二次當了。結果幽王被逼自刎而褒姒也被俘虜。

一個「立木取信」，一諾千金；一個帝王無信，戲玩「狼來了」的遊戲。結果前者變法成功，國強勢壯；後者自取其辱，身死國亡。可見，「信」對一個國家的興衰存亡有著非常重要的作用。

在這世上，最愚蠢的行為是欺騙，任何事情都離不開誠信，做生意更是如此。做生意，誠信是根本。如果要尋找和挖掘生意經的精華，應該首推誠信文化。如果你能做到誠實守信，你就會換來越來越多的忠實客戶。

一家汽車維修店，來了一位自稱是某運輸公司的汽車司機，這位客戶在修理完車後對店主說：「在我的帳單上多寫點零件，我回公司報銷後，會給你好處的。」店主直接拒絕了他的要求。這位客戶有點誓不甘休的糾纏：「我的生意不算小，會常來的，少不了你的好處！」店主依舊斬釘截鐵的拒絕了，並稱他無論如何都不會做這樣的事情。這位客戶氣急敗壞的嚷道：「我看你就是一個傻瓜。」店主生氣了，他要那個客戶馬上離開，到別處談這種生意去。這時，這位客戶一百八十度的大轉彎，立刻露出微笑，並滿懷敬佩

的握住店主的手：「其實我就是那家運輸公司的老闆，我一直在尋找一個固定的、信得過的維修店，你這裡就是我要找的地方！」

這位維修店的老闆面對誘惑，不怦然心動，不為利所惑，雖平淡如行雲，質樸如流水，卻讓人領略到一種山高海深的道德境界。這是一種發光的品格 —— 誠信。正是因為他的誠信，才會得到客戶的信任，得到一筆大的生意。

一位運動員在退役後，效仿前輩，也創建了自己的品牌。在創業初期，因為缺乏商戰經驗，做過許多賠本的生意。有一次在原料商的哄騙下買下一批報價高，且品質不合格的布料，結果生產出來的服裝品質根本不符合要求，這時候這位運動員沒有因為眼前利益去賣掉這批貨，為此，公司一下損失了幾十萬元。還有一次，他發現一批運動鞋的原料膠有問題，更是毫不猶豫的決定回收所有已經發出的貨。有一個做生意的朋友勸他：「做生意都要圖財，既然貨已發出，對方也沒發現有品質問題，你就算了吧！」可是他固執的說：「做生意就是做人，我寧可賠錢，也不能失去信譽！」結果，他硬是把這批貨全部要了回來。就是因為他做生意講誠信，他的公司才得到了良好的口碑，最終挺過種種難關走向了成功。到目前，他的公司年銷售額超過5,000萬元，開設了近200家分店。

要做好生意，首先要贏得別人的信任，要贏得別人的信任，就要先做到誠信。因為人人都願意與人品好，講誠信的人合作。而且，人品好的人在做事上具備一些有利因素。可以說誠信是一塊金字招牌，沒有了誠信，一切都無從談起。

對於企業來說，「想客戶之所想」是 —— 條黃金定律，而誠信則是遵循此定律的重要原則。如果缺乏誠心實意，顯然不會去在意客戶的想法和需求。而客戶如果看到對方誠信不足，自然也就不敢相信；而言而有信的人能以誠摯、誠懇之心傳達出誠實之意，從而得到客戶的信任，最終成交並獲得成功。

也許有的人會認為，現在很多人買你的東西不是因為他信任企業的某個人，而是相信企業的這個品牌。其實這時候企業老闆和企業品牌已經融為了一體，如果作為企業經營者，其個人不講誠信，那麼就會直接影響到企業「品牌」在公眾心中的形象。當然，可以利用一個已經建立起良好信譽的「品牌」來行騙，但是騙得了一時，又騙得了一世嗎？

做生意不可能只做眼前，應該把目光放長放遠，欺騙不僅有違誠信的道德，同時也違反了法律，既不得人心，又沒有法律的支持，這樣的生意顯然是不可能長久的。

二、理解客戶供需，滿足客戶所需

可以說，每個企業都會對銷售感興趣，實際上也不能不感興趣。因為銷售是企業利潤成長的法寶，而利潤成長是企業生存和發展的靈魂。所以，所有的企業都應該學會怎麼樣把銷售做好。

怎樣才能做好銷售，讓自己的產品受到大眾喜愛呢？

管理大師彼得杜拉克對此問題給出了回答：一定要知道你的客戶想要什麼！

「關注客戶需求，實現客戶夢想，是我們不懈的追求。」可能每一位企業管理者都知道這句話，但是，往往一些已經做成一定規模的企業的老闆從不會進行深入的市場調查，並沒有真正的從客戶的實際角度去體會需要什麼，所以越是做大的企業就越不能真正的了解客戶究竟想要的是什麼。

據統計，有半數以上的企業經營不善原因就是因為管理層在決定企業方向時因為生產的需求不確定造成的，而需求的經常變動大部分都是因為管理者的某些決策不是從客戶的角度出發分析和發掘造成的。

曾經主導著美國80%的汽車市場占比的製造商是來自美國「三大」（通用、福特、克萊斯勒），同時他們被視為全球汽車企業的領導者。然而，時

代變遷，在過去的二、三十年裡發生了許多事情。日本汽車企業起步於 1970 年代，在豐田公司的引領下，於 1980 年代開始進攻美國市場。首先，他們透過從日本出口低成本、低價位的汽車到美國，開始與「三大」展開競爭。美國消費者原來購買日本車是因為價格便宜，隨著時間的推移，日本人在美國建立了自己的工廠，他們積極提升產品品質和設計水準，迎合美國人的市場需求，令美國人更願意買日本車，而非美國人自己生產的車。

　　這個轉變發生得非常快，拿 1973 年的汽車價格來說，如果你需要一輛價格便宜的交通工具，那麼一輛最便宜的車 —— 價值 2,000 美元的日產達特桑就是你的首選。在 1980 年，日本汽車製造商已經開始生產可與美國豪華轎車相媲美的產品。

　　到 2007 年為止，美國汽車產業漸失光彩，通用股價從 2000 年每股最高價格約 80 美元，已跌至如今不足 40 美元。福特股價已從 2000 年每股約 40 美元跌至如今的不足 10 美元。隨著 2009 年全球經濟危機的到來，「三大」中的克萊斯勒、通用遭到重創招架不住，先後宣布破產，福特則在破產邊緣處掙扎。

　　就這個案例來看，隨著人們生活水準的日益提高，對製造便宜的汽車的需求量也越來越大，人們在支付得起的同時也在期待能有更高品質、更完美的設計。由於「三大」當時在美國「不可一世」的市場地位，使企業管理層變得驕傲自滿，繼而忽視了對汽車的品質和設計的關注。他們甚至忘記了客戶，忘記了所有銷售行業的首要定律 —— 要想成功，必須生產客戶想要的產品。客戶是真正的「上帝」，客戶不喜歡你的產品，他們就不會購買。再則就是市場就會存在競爭。《世界是平的》的作者湯馬斯・佛里曼（Thomas L. Friedman）先生也曾說，我們正運轉在一個「平坦的世界」中，所有競爭都是全球性的。在豐田等這些後起之秀的衝擊下，「三大」的敗退是情理當中的事情。所以說，要想在競爭中成為最優秀的企業，企業老闆就必須了解什麼才是客戶想要的，怎樣去滿足客戶的要求。

如果一個企業不是為了滿足客戶的需求去生產產品，那麼這個企業終究會因失去客戶而走到盡頭的。

早在 2004 年地板企業如雨後春筍般紛紛冒出的時候，德國柯諾木業一位地區總裁就斷言到：「70%的地板企業將會消失！」

在隨後的兩年裡，一批曾經輝煌的地板企業的倒閉，以及一批中小型地板企業的經營越來越難以為繼，似乎都已經開始證明他這個觀點的前瞻性。

一位品牌專家就此分析說，造成這種狀況的真正原因是：我們的許多企業經營者並不知道自己到底是在賣什麼？我們必須要關注到今天地板行業面臨的一個危急的現狀，這就是我們中的絕大多數企業經營者至今都只是認為自己是地板的製造商。

在他看來，地板企業必須擁有一套屬於自己的，切實「以客戶為中心」的價值創造策略體系來指導企業的可持續發展。

那麼，既然要建立「以客戶為中心」的價值創造策略體系，首先企業就得明晰客戶到底需要什麼樣的價值。

如今，當地的地板消費市場現狀如何呢？首先，起碼現在買得起房子的人比以前多些了，他們的整體收入和消費水準也已經不是解決溫飽的階段了。從馬斯洛著名的「需求層次論」模型來看，解決了溫飽問題之後，人們便自然的開始向渴望獲得尊重和自我實現層面升級。這就好比說，為什麼一家三口人卻住二、三百坪的房子？那就是讓人家看的，讓人家眼紅的，這就叫做炫耀。一些人為什麼要拋棄雖然顯得有點傳統，但是卻很實用的家具而去買 IKEA 的家具？這其實就是在標榜自己的「簡約」個性。

就地板這個產品來看，消費者對它的需求，早已經向生活理念、生活態度和生活境界這幾個層次提升了。而消費者不需要懂得地板是怎麼做的，也不需要懂得地板有多少複雜的工藝，消費者只是希望用最簡單、最直接的方式知道你的創新為他帶來什麼，而不是你的創新本身是什麼。這就給了眾多的地板企

業和地板經銷商一個啟示，企業究竟賣的是什麼？賣的還只是地板嗎？如果企業管理者不明白這個道理，那麼他的企業可能就離被淘汰的末日不遠了。

今天我們已經身在體驗經濟時代中。在體驗經濟中，市場就是舞臺，我們的產品就是道具，我們的員工、我們的經銷商，包括我們企業的決策者都是演員。我們要拿著道具上臺表演、作秀，作給客戶看，去取悅客戶，讓客戶感到高興、感到歡樂、感到愉悅、感到愉快，這就所謂的娛樂行銷的本質。想想看？在地板上可以發生多少事情？他或她勞累一天了，飽受擠車、塞車之苦，走進門甩掉鞋以後，坐在地板上什麼感覺？一天的壓力沒有了，徹底輕鬆、放鬆了，這是不是娛樂？這就是娛樂！當你的兒子或者是女兒爬在地板上牙牙學語的時候，帶給你的快樂不也是娛樂嗎？他和她在地板上熱情四溢的時候，這難道不是娛樂嗎？

有一個讓我們大家觸目驚心的事實，不少企業的管理者不知道自己的產品賣給了誰，往往只要有人願意代理自己的產品就馬上簽合約。也不知道消費者在哪裡消費了自己的產品、他們為何選擇自己的產品。

所以，如果企業管理者不明白這個道理，那麼他的企業不是在生產客戶所需的產品，而是在生產庫存。

專家分析說，當某個企業決策者經常以狹隘的專業，或是部門本身的利益、習慣作為決策的基礎，而不是把決策基礎放在隨著客戶變動的需求而持續更新的資訊上時，這個企業就是個「內部導向」的企業。一個內部導向的企業，會成為那些既傾聽客戶意見，又迅速以合理價格滿足客戶需求的競爭者手下的犧牲品，就像那些曾經年年重新設計車型，卻很少或完全不把購車人的需求考慮進去的汽車製造者一樣。

一位總裁認為，在體驗經濟中，消費者更看重價值。他認為，消費者這三個字講出來好像是一個人，可是事實上消費者是一群人，你不要把你的客

戶群定義得不夠深入，別把所有的消費者講成都是只看錢，實際上一定有一群人不看價格。比如他結婚的時候要用的東西，其實就不是很在乎錢。所以人的需求其實不光是錢，價值也在背後，我們每個人都是用價值觀在衡量，不是價格觀在衡量。

研究客戶的所需，不是企業決策者在理論、協議上紙上談兵的完美技術，也不是道聽塗說的黃粱美夢，更不是我們腦袋想出來的子虛烏有。

要想知道客戶的所需，企業經營者就必須「以人為本」，站在客戶的角度去想客戶所想，急客戶所急。被譽為「全球房地產開發營運標竿」的普爾特公司（Pulte Homes）就為我們做了很好的榜樣。

「公司要發展，靠的是客戶，而不是所謂的『機會』。」賣給客戶所需要的，滿足客戶的需求，而事實上普爾特就是這樣做的。

在客戶細分上，普爾特沒有局限於以職業、收入、年齡等特徵去掌握客戶，而是從客戶的內在價值出發，按客戶不同的生命週期，將客戶細分為：首次置產者、單親家庭、富足成熟家庭等 11 個種類。因此每個人在生命的各個階段，都可以從中找到自己的位置，找到滿足自己的實際需求的住房。在摸清了特定目標客戶群的不同要求之後，普爾特同樣會花大把力氣去了解他們的實際購買能力。「我們不會去造這樣的房屋，它們能夠滿足客戶的所有要求，但卻大大超出了他們的實際支付能力。我們是根據客戶的真實需求，再加上他們的實際支付能力，兩者相結合來設計和開發建築物的。這樣，最後的結果是客戶對我們的產品能夠滿意，而且買得起，我們也不用擔心房子的銷路。」

其次，在規劃每一棟房屋之前，為了設計出客戶想要的房子，為了能最好的了解客戶的需求，普爾特的設計師都會類比屋主的生活狀態，設身處地體驗一番。

比如在為孕婦設計房間時，設計師為了能夠真正體驗孕婦的感覺，甚至穿上了包裹著鉛塊的孕婦肚兜，大到樓梯的臺階高度，小到床邊的扶手，對於一些不易引人注意的細節，普爾特也早已為客戶考慮到了。

在房屋建成後，普爾特賦予每個社區分管的團隊獨立的權力來處理客戶服務，讓企業直接和客戶建立長期聯絡，具體細膩的了解他們的需求。有關房屋和客戶的資料也全都被輸入了客戶管理系統。如果客戶有什麼問題，只要聯絡他們，他們就會根據客戶的時間，安排派出維修人員上門服務。

正是因為普爾特賣給客戶所需要的房屋，才創造了重複購買率高達 47％的奇蹟。

現實這麼多案例告訴我們，企業要想做穩，要想做大，就應該要好好的解決兩個問題，那就是「可以幫助客戶解決什麼問題」及「我們能為客戶帶來什麼價值」。要解決好這兩個問題，企業決策者就要做到「以人為本」，想客戶所想，急客戶所急，真正站在客戶的立場上，從他們的角度出發，設計客戶喜歡的、需要的東西，使他們能夠透過你的產品，透過你企業的專案來滿足自己的需求。

三、換位思考，維護客戶自尊

經驗豐富的企業管理者都明白這樣一個道理：每個客戶都有自尊，所以應盡量避免和客戶的觀點或意見相悖，絕對不能指責客戶，要時時刻刻都從客戶的「面子」問題出發，如果把客戶的面子保護得越好，那麼企業就會得到客戶的擁護，企業的發展也就能進行得越順暢。

可以說，從某種意義上來講，客戶能決定企業的存亡，所以要想讓自己的企業在激烈的競爭中處於優勢地位，企業的管理者就要做好典範，去學會尊重每一位客戶。

　　小金在一家超級市場擔任收銀員。有一天，她與一位中年婦女發生了爭執。

　　「我確實已經將 1,000 元交給您了。」中年婦女說。

　　「尊敬的女士，」小金說，「可是我確實是沒有收到您的錢呀！」

　　聽到這裡，中年婦女似乎有點生氣了。小金更加自信了：「我們超市有監控設備，我們去看一下現場錄影吧。這樣，到底有沒有給一看就清楚了。」中年婦女於是跟著她去了。

　　錄影顯示：中年婦女的確有將 1,000 元放到桌子上，但是很快的被前面的一位客戶順手牽羊給拿走了，而這一情況，誰都沒注意到。小金說：「我們很同情您的遭遇。但按照法律規定，錢交到收銀員手上時，我們才承擔責任。現在，請您付款吧。」中年婦女的說話聲音有點顫抖：「你們管理有問題，讓我受到了屈辱，我不會再到這個讓我倒楣的超市來了！」說完，她付了款就氣沖沖的走了。

　　這件事情很快被超市的經理知道了。他當即做出了辭退小金的決定。超市其他員工都為小金鳴不平，一些部門經理則為她說情，但經理的意志很堅決。

　　經理找到小金，「我想請妳回答幾個問題。那位婦女做出此舉是故意的嗎？她是不是個無賴？」

　　「不是。」小金有點不解為什麼經理會問這樣的問題。

　　「她被我們的工作人員當作一個無賴請到監控室裡看錄影，是不是傷害了她的自尊心？而她內心的不快，會不會向她的親朋好友傾訴？她的親朋好友聽到她的訴說後，會不會對我們超市也產生反感心理？」

　　面對這一系列提問，小金默不作聲，似乎已經領悟到自己的行為會為超市帶來什麼後果。

「像我們這樣的超市在這附近有許多家，受了這樣屈辱的中年婦女，以後是不會再來我們超市購物了，並且知道她遭遇的親人肯定也不會再來我們超市購物，問題的嚴重性就在這裡，我們來算一算。」經理拿出計算機，「據專家測算，每位客戶的身後大約有 250 名親朋好友，而這些人又有同樣多的各種關係。如果你得罪一名客戶，將會失去幾十名、數百名甚至更多的潛在客戶；如果你善待每一位客戶，則會產生同樣大的正效應。假設一個人每週到商店裡，只購買 10 塊錢的商品，那麼，氣走一個客戶，這個商店在一年之中就會損失不少」。

小金這時候才明白了問題的嚴重性，對於經理做出辭退她的決定也不再感到委屈。

這個故事給我們的啟示就是：即使只是個很小的客戶，都應引起企業的重視，因為小客戶的背後往往隱藏著龐大的財富。如果你傷害了客戶的自尊，那麼因此帶來的損失也是無法估量的。

在與客戶打交道的過程中，如果與客戶的觀點或意見相悖，不應去指責客戶，而是要時時刻刻都從客戶的「面子」問題出發，把客戶的面子保護得越好，你的工作就會進行得越順暢。要想成為一個出色的企業家，要想成就更大的事業，就應該知道小客戶的重要性，不只要維護大客戶的面子，更要維護小客戶的自尊。可以說給客戶面子，就是給自己面子。否則，總有一天會在這上面栽跟頭。

一位客人來到某酒店的櫃檯，在辦理入住手續時向服務人員提出房價七折的要求。按酒店規定，酒店只向住房六次以上的常住客提供七折優惠。這位客人聲稱自己也曾多次消費，服務人員馬上在電腦上查找核對，結果沒有發現這位先生的名字。當服務人員把調查結果當眾道出，這位先生頓時惱怒起來。此時正值櫃檯入住登記高峰期，由於他的惱怒、叫喊，引來了許多不

明事由的好奇者的目光。而許多原本打算入住的人也因此放棄了這家酒店。

這個案例同樣反映出給小客戶面子的重要性。尊重往往是連帶性的，如果對一位客戶有失尊重，那麼很可能會影響到其他客戶對自己的看法，從而造成損失。

人人都需要被尊重，特別是有些客戶，往往自然或不自然的表現出一些清高或傲氣。所以當碰到這樣的客戶，在為了事業，為了有所成就，與他們交流時，就必須禮讓三分。一旦你的誠心感動了他們，他們會加倍的信賴你，也會用各種形式來報答你。不要說你有什麼小困難，就是天塌下來，他們也會與你一起頂。

客戶就是上帝，你的「上帝」始終是對的，維護了「上帝」的利益，維護了上帝的自尊就是維護了企業自身的利益。從更深意義上來講，為了替企業創造更多的財富，有時候企業不只要去維護客戶的自尊，更要從極大程度上去滿足客戶的自尊。

有一個陳老先生，在國外很有身價，也很有威望。因為年事已高，就把自己的事業交給了自己的孩子，自己則回到本國安度晚年。老人淳樸，衣著也很簡單，消費時也不喜歡鋪張，從外表看上去和其他老人沒有什麼區別。他回國幾個月了也經常到各家餐廳消費，餐廳的服務人員都對老人家很客氣，也很有禮貌。每個餐廳都像接待其他客人一樣對待陳老先生。無論到哪裡，服務人員都稱他「老先生」，不過有兩次餐廳裡也坐著其他的老先生，讓陳先生分不清楚是在叫誰。相對於在國外時收到的隆重接待，老人不免有些失落。

後來一次偶然的機會，陳老先生來到了一家普通的餐廳用餐，在這個中餐廳裡他度過了十分愉快的一段時光。點餐的時候，服務人員透過和陳老先生的交談，去了解他老人家的口味、特別喜好等，並保留進客人的檔案之中，在整個用餐過程中，服務人員關心備至，讓在國外被人照顧慣的了陳老

先生找到了類似的感覺，等到陳先生離開的時候，幾乎所有的服務人員都能用「陳老先生」這個稱呼向他問候。陳老先生非常高興。從此以後這位老先生不再選擇其他餐廳，每次都來這裡。

這家餐廳的規模相對於陳老先生去過的那些大餐廳來說只能稱作一般，但是為什麼最後反而能留住老先生呢？A餐廳能在眾多大型餐廳中勝出全靠餐廳老闆擬定的一項服務宗旨：給足每一個客戶的面子，極大的滿足客戶的自尊心。只要來這個餐廳，就會享受到的是一個量身打造恰到好處的服務，在這裡服務人員每個都會記住你，等你第二次光臨後不用你說話就能為你泡好你最喜歡的茶水等。相對於其他餐廳的大眾化服務，A餐廳老闆為客人量身打造的獨有服務更能讓人得到自尊心的滿足。

可以說，A餐廳的老闆深諳小客戶也有大自尊的道理，也深知即使是小客戶也是公司的財富創造者。就是因為如此，他才能在與眾多的大型餐廳的激烈競爭中留有屬於自己不敗之地。

當經營者遇到與自己相悖的客戶時，不妨換位思考一下，當自己作為客戶時，又需要對方怎樣的對待，將心比心，經營者們就會時刻維護客戶的自尊了。主顧之間互相維護，自然也就和氣生財了。

四、掌握消費心理，讓客戶為「占便宜」買單

有這樣一份資料說：消費者當中，75%是衝動性的購買，25%才是有計畫性的購買。

可以這樣說，人人都有占便宜的心理，人們總是期望買到物有所值，甚至能夠「超值」的產品。當面對那些能夠讓自己占到「便宜」的商機，人們總是會有莫名的衝動想去交易。那麼，怎麼做才能讓客戶產生想要交易的衝動呢？這是讓每個企業管理者值得去思考的問題。

　　要想讓客戶有購買你的商品的衝動，就少不了要利用這種想要占「便宜」的心理來進行行銷。

　　有專家提到：促銷不是萬能的，但沒有促銷是萬萬不能的，促銷是敲開市場的「敲門磚」。所以提起這個問題，很多企業老闆首先想到的就是打折、贈品、降價等打價格戰的促銷活動。

　　價格戰是常規手法，但是，如果你的競爭對手很強大的話，你這樣玩價格戰無疑是自尋死路。可以說，價格戰絕不是企業制勝的靈丹妙藥。事實上，「殺敵一千，自損八百」或者兩敗俱傷並不罕見，也有很多價格戰打亂行業的經營秩序導致全行業虧損的案例。

　　從業界數百計的案例中，我們能看出，比價格不如比價值，比價值不如比超值。價值是王道，超值就是「王中王」。

　　可以說，價格戰與超值戰並無實質上的矛盾。所謂「超值戰」，也就是抓住了消費者占便宜的心理，由於「超值戰」理念非常超前，還沒有成型的理論去闡述，但帶給業界的衝擊和消費者的實惠確是實實在在的。

　　行銷超值戰的理念其實就是占便宜的理念，也符合行銷學裡的一個比較原理。

　　在美國的唐人街，有家不太起眼的瓷器店，一件青花瓷瓷器賣 13 美元，但是沒有標價。年邁的父親在前面接待客戶，總是假裝耳背聽不清楚的樣子，當客戶詢價時，這位父親就裝作不知道貨物價格大聲向屋裡的兒子發問，「這件多少錢？」「三十。」接著父親就會裝作聽錯了對客戶說：「十三美元。」（英文 13 和 30 發音相近）聽到裡頭報價但貪占便宜的客戶見有便宜可占，立刻付錢拿貨走人，客戶哪裡知道他買的東西本來就只賣十三美元。這就是透過對比給了客戶一種占便宜的感覺。

　　店主楊某在香港的一條繁華商業徒步區裡新開了一家時尚家居用品店，

為了吸引客戶，對自己店裡的商品定價並不是很高，但是這種薄利的行銷手段卻並沒有產生多銷的結果。客戶抱著貨比三家的心態，想著「前面肯定還有賣得更便宜的店」，所以大多只是走馬觀花看看就離開了。楊某在獲悉客戶的想法之後，馬上就在離自己店鋪不到一百公尺的地方又開了一家不一樣裝潢風格的店鋪。基本上是賣一模一樣的貨物，一個店貴，另一個店便宜。至此之後，這位楊老闆的第一家店鋪裡的客戶總是絡繹不絕，生意大好起來。

無獨有偶，報上就報導了一則新聞，講一條路上有兩個服裝店緊鄰著，賣一模一樣的產品，一個店貴，另一個店便宜。一男一女兩個店老闆常為爭奪生意吵架，男的罵女的又笨又蠢，不會做生意，價格賣得這麼低，還不虧死了？兩個老闆的大吵大鬧，引起了路人的注意。人們明白情況後，都擁進女老闆的服裝店。男老闆一看客戶進店了，心裡偷著樂，原來這兩個店都是他開的，女老闆是他老婆。

也許有些企業管理者聽了以後可能會說，也就是打野戰的小攤販會用的三十六計啊，完全上不了檯面的！你可以到超市裡多加留意一下，其實你身邊就有很多這樣的事情：三重功能洗衣皂兩塊裝標價 69 元，一塊裝 32 元。用了兩塊裝的做參照，讓客戶覺得自己花 32 元買一塊裝的產品是占了便宜。

可以這麼說，「便宜」與「占便宜」是完全不一樣的概念。價值 100 元的東西，100 元買回來，那叫便宜；價值 150 元的東西，100 元買回來，那叫占便宜。人們經常講「物美價廉」，其實，純粹的物美價廉幾乎是不存在的，但是作為企業經營者、管理者，卻可以讓消費者感到「物超所值」。

賣「便宜」，不如只賣「占便宜」。

占便宜的經歷呢，恰恰深刻展現了產品的經歷式消費的滿意加驚喜過程和結局，占便宜首先就是一種主動消費，是來自消費者內心深處甚至是潛意識的本性心理衝動，這種人性特點不是社會環境、身分地位、教育背景所能

改造的，所以由「占便宜」導致的主動交易從開始就是一個具有人性享受樂趣的具體行為，如果再加上產品的龐大價值優勢的推動下，勢必引導出一個最為恰意的消費過程，最為值得推崇的是這類消費，往往會產生一種自我主導消費、在消費中還能實現資源駕馭的心理作用。

菲力普・科特勒 (Philip Kotler) 說，行銷不是以精明的方式兜售自己的產品和服務，而是一門真正創造客戶價值的藝術。這帶給企業管理層思考的就是，企業要從客戶價值去構築新的策略，要能為你的客戶帶來更多的價值，讓消費者在花錢的過程中有占便宜的感覺。

可以說，賣好了「占便宜」，既能讓你的客戶從中享受到樂趣，又能為自己帶來成功，何樂而不為呢？

五、吃點小虧，方能贏取大客戶

做生意並不是件容易的事情，如果一個企業只考慮眼前利益，那麼這個企業可能什麼都得不到，如果這個企業的目的不只是為了錢，而是想把事情做好，那反而可能會得到更多。

要想當一個成功的企業管理者，首先想的不是要怎麼賺更多的錢，而是要把企業當事業來做。俗話說，世上無難事，只怕有心人。一個人只要有強烈的事業心，才會追求不止，才會在任何情況下都奮發向上。作為一個企業的經營者，必須要認清做事業與做生意的區別，要有不僅是賺錢而是做事業的態度。

把自己的企業做好，還得要敢想、會做。眼光最重要，要能看到事物發展的方向，同時還要有「你不是來賺錢的，是來做事業的」這樣的思維。只有做事業的人才能有做百年老店的想法。做企業就是要做事業，而不單是做生意，做生意與做事業的概念是不一樣的。

第四章　商戰心理—建造堅不可摧的企業航空母艦

　　日本的島村先生就是一個會做事業的人。他做生意很奇怪：以每根五毛錢購進麻繩，然後分文不賺的原價賣出麻繩。很顯然，這是賠錢的買賣，因為在生意營運中，他還要搭上搬運費和庫存費。原價進，原價出，不但沒賺，反倒賠上一大筆。因此很多人都說島村是一個根本不會做生意的蠢蛋，還有的人則說島村神經病、頭腦發昏。但事實是，島村得到了一個大的名氣，各大麻繩經銷商為了可以省下運輸費、庫存費等費用，都慕名到他這裡來訂購麻繩，於是訂單源源不斷。這虧本的生意眼看就要支持不下去了，島村便拿著訂貨單跑到客戶那裡很誠實的說：「我以前為了擴大影響，原價出售麻繩。現在我就要支持不下去了，是不是能商量一下，讓我增加一點。」客戶為島村的誠信折服，情願讓島村單價增加五分錢。島村又拿著客戶訂貨單據找到供應商道：「你看看吧，我一直向你們廠購買麻繩，每次都是按進價售出；因為我想這樣才能把你們的麻繩賣得更好，但是現在我賠了不少錢，如果繼續這麼做，沒幾天我就要破產了。」供應商翻閱著原價賣出去的單據，感動不已，於是每根繩索降低五分錢供貨。這樣，島村先生每根麻繩能夠賺上一毛錢，而他的訂單也越來越多，沒過幾年，島村成為腰纏萬貫的富商，他的公司也擴大了規模。

　　做生意偶爾會碰到讓自己吃虧的事情，有時候表面上看是虧了，但是能贏得了客戶的信任與支持，實則占了大便宜。島村先生後來深有感觸的認為，只有那些膽識謀略過人的企業家才敢對開始時吃虧，而後便占大便宜的「原價銷售法」勇於為之。

　　吃虧吃出福，在日本這種事情還發生在另一個人身上。藤田先生與美國油炸食品公司簽定了一份購銷三百萬把刀叉的合約。等到了交貨期，藤田卻碰到問題了，因為運輸方面出了故障，是無法按期交貨的，而對方美國油炸食品公司主管是視信用為至寶的猶太人，如果不能如期交貨的話，自己的

公司將會信用掃地。藤田經過反覆思考，最後包租一架波音飛機將三百萬刀叉空運芝加哥。這麼一來，這趟生意自然是虧損了，但是，藤田保住了聲譽。第二年，美國油炸食品公司再次訂購六百萬把刀叉的合約，由於意外事故再次發生，藤田重蹈不能如期交貨的覆轍，藤田毅然決然再次租用波音飛機空運。兩次交易，兩次虧本，但是因禍得福，藤田因良好信譽得到商界的褒獎，更是獲得了美國麥當勞漢堡的青睞，得到了在日本的總銷售權，從此發跡。

一個真正聰明的經營者是願意吃虧的，因為吃虧必須有捨棄或者是犧牲，但這過後等待你的卻是長久的收益，因此，這樣的管理企業才不會把時間浪費在眼前的方寸之間，而是高瞻遠矚，做一個長遠的計畫。

1908 年，鋼鐵大王卡內基非常欣賞拿破崙 · 希爾（Napoleon Hill）的才華，於是當希爾去採訪自己時，向他提出了挑戰，要求希爾在此後 20 年裡，把全部時間都用在研究美國人的成功哲學上，唯一的報酬就是寫介紹信為他引見這些人。全國最富有的人要自己為他工作二十年而不給一丁點報酬，一般的人面對這樣一個荒謬的建議，肯定會覺得太吃虧而推辭的，可希爾沒這樣做，他認為他要能吃得這個虧，才有不可限量的前途。於是希爾接受了挑戰，在此後的 20 年裡，遍訪美國最富有的 500 名成功人士，寫出了震驚世界的《成功定律》一書，並成為羅斯福總統的顧問。

如果說能吃虧是做人的一種境界，會吃虧則是處事的一種睿智，那麼睿智的希爾做人絕對到了最高境界。

作為一個企業的經驗管理者，就少不了與生意夥伴，與客戶的交流，而在交流的過程中，又避免不了「吃虧」和「占便宜」。在這交流當中如果你要想不吃虧，完全達到「平等」交往，那是不太可能的。如果你總想占便宜，最終吃虧的是自己，因為你會丟掉了人們對你的尊重和信賴，最終結果

是你什麼便宜也賺不到，人格沒了，朋友沒了，客戶沒了，金錢也沒了。很明顯，這個「虧」更大！

晉朝有個大財主石崇，他官至衛尉卿，可以說是富可敵國。高官孫秀非常嫉妒他的財富，幾次藉機要石崇貢獻一些財富，石崇裝聾作啞，故意不理，孫秀為此憤恨不已。後來孫秀又看上了石崇的愛妾綠珠，於是又向石崇索要，石崇無法割愛，斷然拒絕，孫秀火上加油，對他更加憤恨。後來淮南王司馬允犯了錯，孫秀主抓此案，乘機誣陷石崇跟司馬允一起作亂，把石崇的外甥歐陽建等人一併起訴，關進了監獄。石崇長嘆一聲：「那孫秀根本就是看上了我的財產！」執行的人於是問他：「知道如此，為何不早把它們送人？」石崇無言以對。不久石崇就被正法，家產也全部被抄沒了。

那些能吃得虧的人總能在不如意中找到一飛沖天的機會，而那些不能吃虧的人，最終得吃個大虧。然而還是有很多企業老闆都意識不到這一點，怕吃虧。這些都是目光短淺的人，他們只顧眼前的蠅頭小利，最後不是掉入失敗的深淵，就是被人唾棄。人的一生就是這樣，不能只賺便宜不能吃虧。那些有遠見的智者願意吃點小虧，因為做生意有的時候「愚蠢」一些，吃點虧並不是壞事。

在美國的一個遭受了自然災害的小村子裡，出現了一輛滿載著麵包和餅乾的車子。這個時候，——群在飢餓中掙扎的人圍了上來，紛紛要買車上的麵包。然而，面對這樣的好生意，運送員怎麼都不肯賣。這些飢餓到了極限的人充滿了憤怒。運送員哭喪著臉很無奈的解釋，這車上裝的麵包和餅乾是要去處理掉的過期產品，老闆下過規定，如果公司有人出售過期的食品，將被勒令辭退。眾人恍然大悟，不再為難運送員，後來在一些人的提議下，運送員打開了車門，沒有賣，而且讓眾人「搶」走了。當這件事被記者公之於眾之後，那位沒露面的老闆一夜成名，人們知道了名字，知道她不賣過期

的麵包，即使有人願意買，她也不願意賣。儘管她如此「愚蠢」，但自此以後，她的麵包暢銷美國各地，獲得了良好的信譽。

做生意難免會碰到「吃虧」的時候，這時候你就要做一些「蠢事」，這些看似愚蠢的行為卻可以讓你的生意更興盛。對於一個精明的經營管理者來說，吃虧也能吃出福來。

六、以客戶為中心，做好行銷管理

市場行銷豐富多彩，普遍存在，是當今商務活動中最重要的事情，因此做好市場行銷對商家來說至關重要。

市場行銷是一個管理過程，這個過程需要我們確定並預測客戶的需求，再透過一系列的研發、生產、銷售、客戶服務環節去滿足客戶的需求，並在滿足客戶需求的過程中，保證企業贏利。這個過程相當的複雜，與企業內部、外部的環境緊密相關，需要進行科學的管理。行銷管理人員要對企業內外部的環境進行系統的研究分析，並進行邏輯的思考，再把這種思考的過程反映到實踐中，形成具體行動計畫，才能讓行銷為企業提供服務。

行銷是什麼？行銷就是「客戶的思維」。所有的行銷工作便是架構在研究、判斷客戶心理的基礎上，行銷部門不僅將「發現」確認為決策的依據，也將「發現」傳遞到相關業務部門。不僅僅要清楚客戶的需求與期望，還要按照他們的心理設計廣告、價位、服務。在這裡，我們不談論產品本身，因為只要你掌握了如何依據「客戶的思維」推展行銷，任何產品都可以有很大的市場。而不在於是過時的還是技術性能差的產品，遇到這個問題，改變一下策略及市場定位就可以解決。

消費市場十分廣闊，消費族群的差異化極強，只要仔細分析，抓住某個細分市場做深、做透、做精、做專業，那企業將會永遠處在一個朝陽產業。

有效的行銷計畫需要分析市場、顧客、競爭者等因素，企業的管理者對分析這些市場因素的重要性如何呢？資料分析顯示，最為管理者所重視的是對市場的分析，重要程度位居第二的是企業內部分析，第三是顧客分析，其後是競爭對手分析和企業外部環境分析，說明對企業來說，競爭對手和社會環境對自身的經營影響較小，而其對市場和企業內部的變化因素卻極為重視。此項調查結果證實了很多經濟學家的觀點，即企業面對的主要是市場問題，政府沒有必要也沒有能力幫助它們。經過市場的優勝劣汰，能夠生存的企業大多具有很強的抗風險能力。

　　採取以市場為導向的隨機應變策略是企業的特點，但缺乏行銷策略工作將會嚴重制約其發展壯大。正如行銷學泰斗菲力普・科特勒教授所言：「缺乏預先安排的行銷工作將會導致行動和經費開銷上的混亂，它會使企業組織易受有計畫、較有遠見的競爭者的攻擊。」不少近年來在市場上曇花一現的企業經歷都說明，一個企業抓住機會跳躍式發展成功後，由於缺乏建立在對市場、對企業、顧客等因素的理性分析之上的行銷策略，以至於在飛速發展的過程中被自己所打敗。

　　企業不必抱怨市場為什麼難做以及苦苦思考如何擴大市場占比。根深蒂固的概念影響著企業發展，兩個問題：客服往往被置於過程終端；「市場在哪裡」總是企業解決行銷問題的基點。企業總是站在自己的觀點和角度判斷市場並進行決策。儘管公司對待市場的導向，已從生產觀念—產品觀念—推銷／銷售觀念—行銷觀念，推進至客戶導向觀念，但事實上還是處於最原始的認知階段：生產觀念。對企業來說，最重要的財富就是客戶，但現在不少企業仍在解決「如何把產品賣出去」的問題，企業是在以自己為中心去理解行銷。而做好企業，更應該以客戶為中心建立行銷管理。

　　一個成功的產品要有「奇異點」，而其「奇異點」必須要為顧客創造某種利益，使「奇異點」等於「利益點」。而其「利益點」又必須是顧客想要

的東西，這樣，使「利益點」又等於「欲求點」。其三點一致，該點才能當作產品的「賣點」。三點行銷的公式為：奇異點＝利益點＝欲求點＝賣點。

走向市場經濟以後，社會就多了一個職業——銷售。隨著市場經濟高速發展，產品供大於求，企業的銷售人員越來越多，銷售人員的工作越來越難做。銷售工作對企業也越來越重要，可以說銷售工作的好壞能決定企業的生死存亡。

企業的行銷管理離不開最基本的銷售工作。一個聰明的老闆，要想找到把生意做成功的祕訣，就不能忽視了銷售工作的重要性，不僅要要求自己，更要要求你的員工學會察言觀色，學會傾聽，學會提問，要做到把自己的想法放在客戶的腦袋裡，把客戶的錢放在自己的口袋裡。

沒有銷售不了的產品，只有不會銷售產品的人。因此，成功的管理者在銷售談判時懂得，銷售其實不是做產品的工作，而是做人的工作。因為產品是人來支配。所以銷售工作，實質上就是了解人、研究人、服務人的工作。

如何來了解人，認識人，那麼就從問話開始。企業老闆要懂得透過無意識的肢體語言掌握客戶的心理動態。

人之所以行動，是因為他的大腦在支配自己行動，所以最難做的工作就是大腦的工作。

在銷售談判中，企業老闆最聰明的手段就是透過問話引起對方思考，找到客戶的興趣和愛好，以及他對產品的價值取向。只有透過問話找到客戶的需求點，才能不斷的強調產品的價值點。因為不同的客戶，他對產品所關注的價值不一樣，有的關注品質，有的關注價格，有的關注服務，有的關注品牌。

例如，他會問：「某某先生或女士，你為什麼會選擇這個產品呢？」然後傾聽客戶解釋，找到他的核心價值觀。客戶注重什麼，自己就強調什麼，這樣往往就容易成交，客戶也樂意交錢。

然而，沒有經驗的企業老闆，他們就不善於問問題，而是抓到一個客戶就拚命的解說，公司產品的品質、價格、服務多麼好、多麼棒，我們想想，客戶會相信嗎？客戶不會相信這樣的話，他們只相信自己的感覺。

　　可以說，懂得在銷售談判中問話的企業老闆，他們不是賣自己想賣的產品，而是賣客戶想要的產品，他們只是透過提問，讓客戶來做出選擇，然後找到客戶想要的產品，賣給他。

　　美國第一位連任三屆美國百萬圓桌俱樂部主席，銷售奇才喬·庫爾曼（Joe Culmann）就是一個懂得問話的銷售高手。他成功的祕訣之一就是擅長提問。如客戶說「你們這個產品的價格太貴了」，他會回問「為什麼這樣說呢？」「還有呢？」「然後呢？」「除此之外呢？」提問之後馬上閉嘴，然後讓客戶說。「客戶說得越多，他越喜歡你」，這是每個企業經營者都應該記住的名句。通常客戶一開始說出的理由不是真正的理由，喬·庫爾曼的這種滲透性提問就可以幫助他挖掘出更多的潛在資訊，更加全面的做出正確判斷。而通常當你說出「除此之外」的最後一個提問之後，客戶都會沉思一會，謹慎的思考之後，說出他為什麼要拒絕或購買的真正原因。

　　因為銷售是幫助客戶得到他們想要的，然後得到自己想要的，問話的目的就是找到客戶的需求，然後滿足他們，所以會問話的老闆才是真正的主宰銷售談判的人。

　　做生意就要學會察言觀色，跟客戶做好溝通工作，讓他主動把錢放進你的口袋。銷售做得好，企業的發展自然就更穩了。

　　就如同一個優秀的心理醫生往往是善於傾聽的，傾聽可以消除隔閡，讓病人認同自己。在銷售中，我們與客戶之間不應是對立的，而應站在一起。所以要學會傾聽，它能為自己贏得客戶的認同感，迅速拉近彼此距離。如此，生意也就變得簡單多了。

七、說對話，贏得「金」

　　說話方式不同，會直接影響到生意的好壞。一個成功的經營管理者能把他的話語在適當的場合中轉化成大把的鈔票。「說話」對於那些能把話說到別人心坎裡的經營管理者來說，更是一筆可以挖掘的財富。

　　丁顏就是一個懂得說話藝術的小老闆。有一位年輕的小姐到丁顏的店裡購買衣服，她找到了一件款式、顏色都相當稱心的套裝，可惜這件套裝上有一處小毛病。但這位小姐發現後，並沒有告訴丁顏，而是想到別處看一看。

　　誰知這時候，丁顏說話了：「歡迎您來到我們店，可惜這種樣式的衣服就一件啦。並且這一件還有點小毛病，我如果長得像您這樣標緻，我也不買。」

　　年輕小姐聽後心裡尋思：這位老闆可真夠坦誠，從她這裡購買衣服肯定不會上當受騙。她轉身又看了看那套裝，覺得雖然有點小毛病，但是並不顯眼，算不上什麼問題。於是，這位小姐就心情順暢的購買了這件套裝。

　　如果從心理學的角度分析這種情況，就是這位老闆的真誠、直爽打消了年輕小姐的購物疑慮心理。常理中，一般銷售貨物的人都是只向客戶講解貨物的優點，而盡量避免提到貨物的缺點。但這位老闆在銷售的過程中並沒有說套裝如何好，也沒有去勸那位小姐買，而是反其道行之，直率道出了該套裝的瑕疵。這種違背人們價值推理的做法，使得客戶打消了不買的疑慮，欣然購買了服裝。

　　如果客戶不想購買某種商品，是因為所售的商品確實有點瑕疵。對此，與其遮遮掩掩，不如大膽指出。在商品銷售過程中，說出對自己不利的話，客戶會在意外之餘生出信任感，因此極有可能變「不買」為「想買」。

　　程先生也是一位非常了解別人心理、非常會說話的男士，他每次說服女性時，總是說：「妳想回家，還是去吃宵夜？」他絕不會說：「妳要去吃宵夜，還是回家？」

當女性聽到「妳想回家嗎？」就會有安全感，同時也會有輕微的失望感，因為，她潛意識裡會期待對方有別的提議，這時，再添上一句「還是要去吃宵夜？」剎那間，失望感全失。

這位先生的確很知曉對方的心理。若頭一句話「妳要去吃宵夜嗎？」她就會有警戒心，接著再說：「還是要回家？」萬一對方保持沉默，不就等於要回家嘛。大部分女性都不好意思說：「我願意去吃宵夜。」

假定在兩個人氣氛甜蜜時說：「妳要去吃宵夜嗎？」這對女性而言，是緊張的場面。此時，應該顯出尊重對方的意思，提出兩種方案讓對方選擇。

簡單的兩句話，因為順序的變化，會產生兩種結果。人都是喜歡聽好聽的，說話時把話說到別人的心坎上，不但省時省力又效果好，何樂而不為呢？

一位阿姨去商店買布料，小孫迎上去熱情的打招呼：「阿姨，您買布嗎？您看這布多結實，顏色又好。」不料，這位阿姨聽了並不高興，反而嘀咕起來：「要這麼結實的布有什麼用，穿不壞就該進火葬場了。」

對阿姨這番話，小孫不能隨聲附和，但不吭聲又等於默認了。小孫便笑咪咪的說：「阿姨，看您這話說哪裡去啦？瞧您身體這麼健康，再穿幾百件也沒問題。」一句話說得阿姨心頭發熱，不但高高興興買了布，還直誇小孫心眼好、會說話。

這位阿姨一開始不想買是因為有自卑心理——擔心自己的身體狀況。而小孫抓住了阿姨的心理，用「身體這麼健康」的讚美語，去掉了阿姨的自卑情緒；用「再穿幾百件」這句幽默之語，引得阿姨心裡高興。把話說到了重點上，隻言片語便使得這位阿姨愉快的購買了布料。

在企業經營中也是這樣。買方集團在不想買我們所售的商品時，有時候會說出不想買的原因。這時我們可以對症下「藥」。這付「藥」，一定要見效，即透過一句話，說到重點上，讓對方心裡高興，就會痛快的買下產品。

能把話說到別人的心坎上，是一個經營管理者的聰明之處。在生意中如果能做到這點，就不愁貨物不暢銷，生意不興隆。在生活上能做到這點，就會讓身邊的人留下更好的印象，但要做到這一點就要先洞察別人的各種心理，對症下藥。

八、反其道而行 —— 逼著客戶做買賣

通常來講，經營管理者們都是順著客戶的心理做生意，迎合客戶的心態，順著客戶的意願。但有時候，反其道而行之的方法往往能夠產生與眾不同的效果。

一位總裁就曾經用反其道而行之的方法獲取成功。當初，他和幾個朋友成立了一個開發公司，決定在 A 市炒房地產。他們直接向 B 市一家公司貸款 2,500 萬元，利息是 20%，利潤五五分成，那家公司還派人密切監控這筆錢的流向。雖然這筆錢帶著苛刻的條件而來，但對於這位總裁和他的夥伴們來說，無疑是天上掉下來的餡餅。拿到錢後，他們立即以近 150,000 元／坪的價格買下了 8 棟別墅。可是這些房子在他們手裡放了一、兩個月也無人問津，他們開始有些著急了。這個時候，一位大商人來到 A 市，要買他們的房子，這位總裁立刻開出價錢 200,000 元／坪。就在商人正考慮買不買的時候，有一個來自 C 市的買主也要買房子，總裁立即就把價格提到了 205,000 元／坪。商人見此情況非常不高興，就質問這位總裁：「你怎麼可以這麼做買賣？」總裁隨即說：「我尊重簽下的合約，因為我重信譽，買房子按合約買賣，沒有簽合約，價錢自然就有變動了。」這位總裁說到做到，繼續抬高價碼。最後，商人實在坐不住了，便以 210,000 元／坪的價格買下了 3 棟別墅。沒過多長時間，那個內蒙古買主以 205,000 元／坪的價格買了另外兩棟別墅。這位總裁說：「反正有人要，我打的就是心理戰，就賭他肯定買漲。」

有趣的是，商人後來成了總裁的好朋友，不僅沒有認為總裁騙人，反而稱讚他有智慧。

通常，購買方會用貨比三家的手段逼迫賣方降價，但這位總裁卻深諳反其道而行之的心理，他並沒有像通常那樣順著商人的意願降低別墅的價格，反而把商人引入到買方的競爭中，坐地起價，示意商人「你不買別人買，你現在不買，以後就得用更高的價錢買」。這樣，這位總裁就逼迫著商人自己交易。

在商務談判中，這種抓住對方心理，逼迫對方交易的手段是企業經營管理者們應該了解並掌握的。因為人都有這樣一個心理，越是得不到的東西反倒越覺得它是最好的，越是買不到的東西越是覺得可惜，賣方越是不急著賣，買方就越急著買。作為企業經營管理者，就要學會利用人們這種「怕買不到」的心理來逼迫對方，促成交易。

當然這種心理戰也有許多變通的形式，比如在商品剩餘數目不多的情況下，也可以用在商品有銷售時間限制的時候，還可以用在買與不買選擇兩難的客戶身上，因為這類客戶本身就有一種捨不得買，放棄又可惜的心理。這時候，就要強調放棄後的損失有多大，以增加對方的購買信心。總之，就是利用各種手段逼著對方交易。

張先生開了一家家用電器店，主要銷售廚房使用的器材，如冰箱、抽油煙機、微波爐等。

一天，一對夫婦進到他店裡。「你好，我前兩天來過你這裡，我想再次看看這款冰箱。」

「沒問題，請隨意看。您之前看過這款了是嗎？覺得功能怎樣？」張先生詢問客戶的意見，看他是否真的了解，以便確認他是否真心購買。

「嗯，不過你們這個價格還是有點高，功能方面都沒有什麼問題。」

張先生一聽，知道他已經認準了這款冰箱，而且他之前看過了，對功能

都很了解，肯定也去別家問過價錢，如果一樣的東西別家的便宜的話他早就買了，可見他只是想讓自己再給他便宜一點。

「先生，您一看就很懂電器，這款冰箱的功能是沒話說，而我們的價格也是最低的了，之前這款我們都是賣 18,000 元的。這不是為了慶祝開店 3 週年，我們才給新舊客戶優惠價的，17,000 元已經是低價了。」

「這個我知道，你再便宜點。」

「不是不想便宜，真是沒有辦法的事情。這臺您今天不要可以，價錢是沒有辦法商量，因為已經是底價了。而且就此一臺了，賣完了也沒有貨了。今天是我們優惠活動的最後一天，明天我們的價格就又會成為 18,000 元，看這臺冰箱的人也很多，這麼優惠的價格您如果還嫌高，那就實在是沒有辦法了。」張先生看出他們實在是想買又想讓自己便宜點。說到這裡，張先生就再也沒說什麼，等他們自己打理思緒。

就這樣，張先生在不讓一分錢的情況下透露冰箱僅此一臺，客戶思量再三，最後還是買走了。臨走，張先生還送他一塊冰箱保護布。這筆交易不但成功了，而且讓客戶舒舒服服的走了。

反其道而行之的手段並非只有如此，經營管理者也可以利用人們的反彈心理大作文章。

在美國的奧勒岡州，有一家餐館的名字叫「最糟菜」。老闆在餐館的外面立了幾塊大看板，上面寫著：「請來跟蒼蠅同坐」，「食物奇差，服務則更壞」。牆上貼的是當日的菜單介紹，上面寫著「隔夜菜」。奇怪的是，儘管這家餐館的主人將自己餐館的飯菜、服務、衛生貶得一無是處，但開業 15 年來卻常常是門庭若市，座無虛席。不論是當地人還是外來遊客都慕「最糟菜」之名而來，親自到餐館體驗「最糟菜」，想親眼看看這家餐館供應的飯菜是不是最糟，衛生條件是不是最差，服務態度是不是最壞。有的人問餐館

老闆為何要取這麼古怪的一個名字。他回答說：「我是一個很糟糕的廚師，我父親一直教育我要說實話。不論是好是壞，一定要講真話。因此，就取了這個名字。」其實，這位自詡「說真話」的老闆的回答並非是真話。他替餐館取名為「最糟菜」餐館，其真實意圖在於利用人的反彈心理來贏得客戶。

「最糟菜」的這位老闆就是利用了人們的反彈心理而獲得成功的代表。這位老闆抓住了人們彼此之間為了維護自己的立場，而對對方的要求採取相反的態度和言行的心理狀態。

當然，生意人在利用客戶的反彈心理進行交易促成的時候也有兩個要領：並非所有人都有很強的反彈心理。一般而言，對於性格倔強，又自視甚高的人，利用反彈心理通常最有效。

最後，企業經營管理者要注意，反其道而行的手段不是對任何人都靈的，要分時機，分場合，有針對性的使用。如果盲目的使用反其道而行的手段，盲目的逼迫客戶，那麼恐怕不會有好的效果。逆向思考、反其道而行之的做法往往有兩種結局，可能效果出奇得好，也可能效益特別差。

九、吸引客戶眼球，做最佳「炒手」

市場經濟下，商業炒作是必不可少的。商業炒作可以在人們腦海中建立記憶與聯想，影響人們心裡的價值判斷。對於一個企業來說，商業炒作是一門必修課。

炒作的一個最基本的作用就是讓人們知道，讓人們記住。一位副總裁曾說過，炒作其實就是跟人們打聲招呼。當然，只打聲招呼是遠遠不夠的，最終是人們記住，要獲得人們的認同。這就需要運用各種炒作的手段了。其中，最典型的一個手段就是做秀。做秀往往可以讓人很快的記住一項東西，並且屢試不爽。事實上，做秀已經成為了一種文化深入人心，它抓住的是人的好奇心。

在美國的一次銷售會上，各家公司都千方百計的為自己的產品做宣傳，各式各樣的招數紛至迭出，其中有一家公司的宣傳方法令人耳目一新：事先，他將一隻小猴子裝在用布蒙住的籠子裡帶進了會場，待輪到他上臺的時候，他就把小猴子放在自己的肩膀上，然後走上講臺。沒想到，剛一登臺，那隻小猴突然怯場亂竄，一時之間，場內騷動不已。好不容易那名代表把小猴子安撫好，會場恢復了平靜，而那名代表只說了一句話：「我是來推銷某某牌牙膏的，謝謝。」然後，一鞠躬便飄然而去。大家對此不由一愣，連忙相互打聽怎麼回事。結果，該品牌牙膏的銷量大漲。

這個牙膏的炒作完全達到了吸引眼球的目的，引起了大家的興趣。其實，這種炒作的手法利用的就是人們的「好奇心」。它的程序無外乎：首先，有奇怪的行為在前，以引起別人的注意；接著，以簡單而明確的話語介紹產品，讓人們迅速記住產品的名稱。更為重要的是。透過奇怪行為而引起的相互詢問與猜測，讓產品的影響力迅速擴大。

吸引了人們的眼球，接下來就是收場。收場在炒作中是非常重要的，而這一點卻經常被企業經營管理者所忽視。如果炒作最後無法收場，人們就會覺得是譁眾取寵，產生不利於企業的印象。

某集團想創辦一本新雜誌，對於如何引起消費者的興趣，打開消費市場，集團中的各位智囊都出謀劃策。其中一個主編想了個好辦法：把當年的耶誕節定為雜誌的創刊日，並在雜誌發行當日進行銷售。尤其特別的是，這個主編認為應該讓裸體模特兒在各個地鐵站銷售。

這個方案得到了大家的一致贊成。為了讓人們對新雜誌發行的消息更明確，主編請了很多記者、自由撰稿人，讓他們對「新雜誌發行使用裸體女模特兒進行銷售」這一話題進行辯論，並在各個報紙上進行宣傳。辯論分為正反兩個方向：正方認為裸體銷售展現了法國人的個性，是自由熱情的表現；

反方則認為裸體銷售會不利於道德教育，並會對社會文化造成糟糕的影響。正反兩方的辯論常常在各種媒體中出現，引來了民眾的關注。爭論一直持續到了 12 月，耶誕節馬上就要來臨，而爭論也進入了白熱化。這時，民眾對於「新雜誌裸體銷售」的關注程度越來越高。到了耶誕節，警方突然又以裸體銷售會造成交通擁塞，不利於公共安全為由，介入到此事中。最終這個轟動的炒作不了了之了。

　　原本進行得很順利的商業炒作，就是因為沒有設計好如何收場，結果變成了一齣鬧劇。

　　作為企業經營管理者，還要懂得在炒作中借勢，懂得借別人的舞臺唱戲。精明的經營者可以借助他人的優勢為自己進行炒作，這樣不但節省炒作的成本，而且也可以擴大炒作本身的影響力，一舉兩得。

　　從前，美國有一位書商，他的書賣得不好，眼看就要破產了。有人幫他出主意，讓他找名人幫忙推薦自己的書。書商覺得這個辦法可行。於是，書商就把自己的一本書和一封信寄給了總統，他在信裡寫道：「我手裡的書實在是太難賣了，希望您幫我說些好話。」

　　總統看完書後覺得還不錯，就在書上寫下了「這本書不錯」幾個字，並把書寄了回去給書商。書商收到總統的回覆後非常高興，他把書掛在店裡最顯眼的地方，並且把這本總統做出好評的書介紹給每一個來到店裡的人，果然，這本書非常暢銷。

　　嘗到甜頭之後，書商決定再「讓」總統幫一次忙。於是他把第二本書寄給了總統。總統已經知道書商借他的光大發其財的事情，沉思片刻，就在寄來的書上寫上「這本書實在不怎麼樣」，然後寄回給了書商。

　　書商看到回覆後，依舊非常高興。他對每一位來客介紹說：「這是一本把總統氣得發抖的書。」結果這本書比第一本書更加暢銷。

這個消息很快就傳到了總統的耳朵裡，正當總統哭笑不得的時候，收到了書商寄來的第三本書。這次總統吸取了前兩次的教訓，沒有對書做出任何評價，而是把書原封不動的寄了回去。

然而讓總統意想不到的是，這次書商對客戶宣稱的卻是：「總統沒有看明白的一本書。」於是這本「總統看不明白」的書迅速大賣。

書商借用總統的威望進行炒作，這種方式既經濟又實惠。首先，這種借勢炒作的成本幾乎為零，書上在炒作中基本上沒有什麼物質投入；其次，書上借用總統的名氣使炒作收到顯著的成效。

書商的這個炒作例子從另一方面也說明了一個道理：炒作的效果關鍵在於創意，在於是否抓住人心，而不是只靠著用錢來堆。而這一點，往往是被企業經營者忽視的。很多的企業會花大錢在繁華的地段為企業進行炒作，同時其他的一些企業也在周圍做宣傳。這種情況下的炒作通常是沒有效率的。因為人們的注意力都被繁雜的環境分散了，最終不會留下什麼印象。

要獲得好的炒作效果，就要在消費者心理的共鳴點上作文章，最終藉人們內心的熱情高漲之勢獲得極大的成功。如果不從消費者的心理入手進行渲染、炒作的話，要在激烈的競爭中獲得消費者的關注是很難的。

作為企業經營管理者要明白，好的炒作應該能夠一下子打動消費者的心，讓消費者接受，而不是透過反覆宣傳，讓消費者產生厭惡。有些商業炒作，每天聲嘶力竭的喊來喊去，到最後連自己都不知道喊的是什麼，這樣的做法不僅不會產生好的效果，時間一長，反而使人心生厭惡，最終炒還不如不炒。

十、磁鐵效應 —— 讓客戶認同你的品牌

現今的市場中有這樣的現象，許多的交易不再是以貴與賤，好與壞，來作為參考標準，而是以喜歡或者不喜歡作為標準來進行心理衡量。

品牌是一個無形的行銷資產，是市場競爭中的王牌，是取之不盡、用之不竭的力量泉源，它會像一塊磁石一樣吸引著消費者的注意力。當消費族群認同了一個品牌，也就認同了行銷者以及產品、文化，更意味著行銷者贏得了消費者，贏得了市場。

許多人購買品牌產品的時候，他們買的不過是 —— 種心理安慰，品牌在他們看來不僅是品質的保證。更是 —— 種身分和地位的代表，它能夠為客戶帶來一種潛在的附加價值。在客戶準備購買品牌商品時，他自己能感覺到身分和地位等提高了 —— 個層次，這是一種心理上的滿足，就像許多人在喝可樂的時候，並不見得是為了解渴或多想喝，而是在無意識的滿足自己享受國際化文化的心理。還有不少人買一些品牌的東西並不是出於自身的需求，而是買給別人看。在這種強烈的虛榮心的驅使下，往往一些消費族群的消費能力會超出支付能力。因此，企業老闆在談生意的過程中就可以利用客戶喜歡品牌的虛榮心來促成生意。

在這樣的商務談判中，企業經營管理者應該把商品的品牌本身放在第一位，至於商品的價格已經退到相對次要的地位。可見，在這種消費心理影響下，一個成熟的品牌會產生龐大的價值。

那麼，如何才能樹立起一個品牌呢？品牌的塑造需要時間，一個品牌在人們心中樹立形象其實就是人們認同它的過程。這期間有兩點最為重要，一是堅持不懈的宣傳，一是產品本身具有強大的競爭優勢。而一旦品牌建立起來，它就不僅僅是個商標，它本身就會就有極大的價值。同時也會具有其獨特的文化內涵和定位。而這種內涵和定位，就是一個品牌最大的賣點。

在 1940 年代，百事曾經打出「五分錢買雙份」的促銷廣告，讓可口可樂手忙腳亂，但是由於這兩者在色澤、配方、口味上都非常相似，百事作為「後來者」總是無法顛覆可口可樂的「正統」形象，因此，一直被強勢的可口可樂壓制著。1972 年，波塔斯（Alan Pottasch）擔任百事公司廣告部高階副總裁，他開始為「百事」打造獨特的品牌精神。

在波塔斯的品牌解讀中，「百事」永不褪色的年輕味道和凸現個性的精神氣息模糊了人們彼此的年齡界限，讓消費者得到了非同一般的心靈體驗。很多人認為波塔斯創意的意義就是為可口可樂製造了一個真正的對手。

其實不然，波塔斯成功的品牌營運誕生了一種新生意成長方法 —— 依靠品牌的異軍突起贏得客戶的認同，戰勝自己的對手。面對品牌發展的困境以及缺乏市場的現狀，波塔斯認為應該從品牌定位入手，找到市場空間，進而贏得消費者的認同，才能挺進市場，獲得品牌的突破。

首先，波塔斯深入細膩的對「可口可樂」的品牌進行了分析，他認為可口可樂的定位是「老成、保守、遲鈍」，代表的是美國正統的社會心理；了解到了這種情況之後，波塔斯巧妙定位，決定以青春活力為主題把百事可樂的品牌定位於「年輕一代」。他轉變過去「品牌宣傳注重產品本身」的思維，認為品牌的宣傳應聚焦於客戶。品牌只有關注客戶，才能更容易解讀客戶的心理，才能給客戶更好的消費體驗與享受。如果不把「百事可樂」當成飲料，而是把它作為性格的表達方式，那麼消費者就會很快對「百事可樂」產生好感，因為這樣已經消除了消費者與品牌之間的障礙 —— 飲料概念，使得消費者直接與品牌進行心理溝通，這樣就能迅速喚起消費者的認同。實際上，這種理念已經不是銷售飲料，而是在交流、談心；也不是身體的體驗，而是讓消費者擁有全新的心理體驗。

於是，「動起來！你是百事一代！」的口號應運而生。在品牌的宣傳過程中，「百事可樂」宣導一種年輕而張揚的生活方式。「年輕、活力、動感」

的消費體驗模糊了人們的年齡概念，讓消費者得到「只要心靈年輕，就永遠年輕」的心理概念。一下子，百事可樂的銷售量迅速上升，而百事可樂的消費者則被稱作「百事一代」。波塔斯在接受《紐約時報》採訪時說：「百事之後，再也沒人膽敢給一代人冠名。」而「百事可樂」的品牌自此成為了「青春活力」的代名詞。此後數十年來，百事可樂幾乎一直沿襲著波塔斯所勾勒的策略，從「新一代的選擇」到「渴望無限」，這些都是「百事一代」內涵的不斷延伸。

毋庸置疑，百事可樂的突破源自於品牌的準確定位，最為重要的是「百事一代」不僅造就了百事可樂今日的氣象，而且還對可口可樂的形象產生了影響，使得可口可樂也越來越傾向於「青春活力。」「百事可樂」品牌定位的強勢吸引效果就是由客戶認同感的改變所造成的。客戶的內心已經被「青春活力」所征服，自此影響了一代又一代人的消費體驗。真正的把「百事可樂」的品牌價值觀植入到了消費者的心中。

企業經營管理者應該曉得，品牌就是市場的保證，它可以影響消費族群，用自身的品牌文化給人們一個消費的藉口和理由。品牌雖不能從真正意義上提高商品的 CP 值，但卻可以在人們的心理製造這麼一個假象。品牌最關鍵之處在於迎合了現今消費的心理需求，所以只要掌握好消費族群的心理，用品牌價值來吊胃口，那麼就一定能獲得理想的經營效果。

但是，作為企業經營管理者要明白這一點。品牌的最終意義在於，它是優質的品質和服務的保障，只有在這個基礎上，才可以用品牌的價值進行誘導。

有一家豆腐很出名，只要一提「王家豆腐」，人們會伸出大拇指說：「好吃好吃，這是豆腐中的精品。」

這家豆腐店的生意十分興旺，為此他僱了十來個店員，每天做的豆腐再

多也能賣完。買豆腐的人越來越多，每天都供不應求，店員們忙不過來，問他怎麼辦？

老闆說：「從現在開始，你們每人到隔壁把張三家賣不完的豆腐借來給我們賣，我們的牌子響，保證賣得好。」

店員們也認可這個辦法，並且覺得十分省事省時，就照辦了。剛開始幾天賣得還不錯，但過不了多久，王家豆腐也賣不動了，而且還聽到不少人說出王家豆腐不好吃的難聽話來。

王家豆腐店只好關門改行賣剪刀了。

注重品質是企業打造品牌的基石，否則就會使消費者對這個品牌失去信任，從而對這個品牌的口碑就會走向負面，品牌的大樓也會頃刻間轟然倒塌。「王家豆腐」成也品質，敗也品質，啟示我們：產品品質不過關，是企業品牌疾病當中的一個嚴重疾病，一個品牌只有「品質自律」才能長存。

同樣，優質的服務作為企業溝通客戶的情感密碼，在品牌的樹立和發展中，舉足輕重。

在 1930 年德國大眾汽車公司建立之初，他們不僅不斷創新其汽車技術，還把「用戶的願望高於一切」的服務思維納入了經營理念。

在汽車服務技術方面，廣泛利用診斷技術，使工廠設備現代化，順利完成訂貨和供應過程。這些變化顯示，為使用者服務的重點已由過去以用戶的汽車為中心，轉向以用戶本人為中心，「用戶的願望高於一切」。因此，大眾汽車公司經常關注使用者的訊息回饋，每年在歐洲進行一次使用者對本公司服務滿意程度的調查，平均每年收到 50 萬條意見。公司的服務業現有一個世界網絡，由 1.2 萬個服務站組成，有 16 萬名工作人員，為 3,000 多萬使用者服務。大眾公司也有一個獨特的供應和運輸組織，除特殊情況能立即完成訂貨外，限制完成時間為 24 小時。備件供應系統登記全部備件供應情況。

在這種資訊基礎上，為德國和歐洲其他國家的汽車服務部工作的幾個銷售中心的電腦，根據時間、品種和數量自動規劃全部必要的供應，使各服務站負責人免除了各種計畫、擬定和分發訂貨單的工作。供應工作由在世界各地的幾個銷售中心、98 個進口商標和大汽車公司子公司實施，每天從工廠開出裝載備件的火車車廂，35 輛載重汽車和 10 個貨櫃箱。

從 1986 年開始，簽署過長期服務合約的車主享受過不少優惠，該車服務部承擔用戶在一天 24 小時任何時間內蒙受的全部損失，拖車、提供替用汽車，支付發生故障時在汽車裡的所有人的寄宿費。

「大眾汽車」之所以能受到消費者的信任，是因為大眾公司堅持「用戶願望高於一切」經營理念。一種品牌在市場競爭中只有不斷提高服務水準和服務品質，才能長期立於不敗之地。

企業的品牌在企業的經營管理中長青。品牌是一種無形資產，一筆無形的本錢，要重視和樹立本企業的名氣，一定要加強對品牌的嚴格管理，品牌管理就是對本企業的形象樹立和維護。只有管理達到標準以上，品牌才能保得住，才能有大發展。

第五章

交際心理——打造企業「心」能力

企業在發展過程中，免不了與各類人打交道，作為企業領導者就必然要參與社會交流，而懂點交際心理學，不但可使自己達到人際溝通的最佳狀態，還能做到知己知彼，將心比心，使自己在商業交流中事半功倍，遊刃有餘。

一、沉默 ── 謀而後動的交際技巧

　　管理者們在交際中有時候需要高談闊論、暢所欲言，以傳其情、達其意並抒其志，以產生溝通交流之效，從而協調融洽與交際圈的關係。但是很多情況下，多說並非有助交際，有時甚至對交際有害。交際中，無言有時是最好的選擇之一。此時如果管理者們能夠在恰當的時候保持沉默、待機而動，反而能收到理想的交際效果。

　　「沉默是金」，很樸素的一句話，卻蘊涵著極耐人尋味的真理，同時表達的也是一種行為處事方式。

　　曾經有個小國派使臣向中國進貢了三個金人，這三個金人一眼看過去一模一樣，沒絲毫差別。皇帝十分高興，但是小國的使臣卻對皇帝出了一道難題：這三個一模一樣的金人，哪個最有價值？

　　皇帝左看右看，前思後想，不但試了許多辦法，還請來工匠仔細檢查，稱重量，看做工，就是沒有發現任何區別。怎麼辦？皇帝十分苦惱，使節還在宮中等著答案。泱泱大國，如果連這種小事都無法解答，實在有失上邦之儀。

　　這時，一位老大臣說自己想到了方法。於是，皇帝將使節請到大殿，老臣胸有成竹的拿出三根稻草分別從金人的耳中插入：第一根稻草從金人的另一邊耳朵出來了；第二個金人的稻草是從嘴巴裡直接掉出來；而第三個金人，稻草進去後掉進了肚中，沒有任何聲響。老臣當即說道：第三個金人最有價值！使節默默無語，點頭稱是。

　　其實，小國送來的這三個金人是有其意義的：做人，要多聽取別人的意見和建議，謹言慎行，不要隨便發表議論。聽不進別人意見的人與禍從口出的人，都不可能成為最終的勝利者。只有多聞慎言，多見闕殆，凡事心中有數，才能好好的做人做事。

可以說，保持適當的沉默，在交際中是至關重要的。有些學者甚至說：沉默在談話中的作用，就相當於零在數學中的作用。儘管零意味著什麼都沒有，有時卻使數字十倍百倍的翻倍。

當然，沉默並不等於無言，它是一種積蓄、醞釀後，厚積薄發的過程。就如同拉弓蓄力，為的是箭發時能錚錚有力，直衝雲霄。

戰國時，楚莊王繼位後，三年之內沒有發布任何法令。大臣們感到很奇怪，便問道：「一隻大鳥落在山丘上，三年來不飛不叫，沉默無聲，為何？」楚莊王答曰：「三年不展翅，是要使翅膀長大；沉默無聲，是要觀察、思考與準備。雖不飛，飛必沖天；雖不鳴，鳴必驚人！」果不其然，第二年，楚莊王聽政，一下子就發布了九條法令，廢除了十項措施，處死了五個貪官，選拔了六個賢士。於是國家昌盛，天下歸服。楚莊王不做沒有把握的事，不過早暴露自己的意圖，所以能成就大功績。這正是「大器晚成，大音希聲，不鳴則已，一鳴驚人」！

沉默不代表思考的停滯。正相反，深邃的思想，正是來源於那看似沉默的思考過程。

有一些人喜歡誇誇其談，思想還未成熟，就過早的表達出來。這樣一來，不但使自己失去了進一步思考、提升的機會，還使本來可能很有價值的想法，隨口溜走了。而對於聽的人，由於說者的滔滔不絕，很容易忽略了其談話的重點及思想的核心，隨耳一聽罷了。還有的人因為說話前缺少足夠的思考和語言的組織，造成言不達意或邏輯不清，反而影響了感情的交流，真是欲速則不達。

難怪有人要感嘆：「要了解一個人的思想，最好是看他寫的文章，而不是和他交談。」

為什麼？因為人們在寫文章前會仔細推敲，然後才落於紙墨，所以清

楚、流暢。由此可見，思想需要語言的表達，而語言的形成更需要經過冷靜的思考和反覆推敲潤色的過程。

人為什麼要有兩隻眼睛，兩個耳朵，卻只有一張嘴？為的是讓人多看、多聽、多想，而少說兩句。你的舌頭應該由你的心來操縱，而不該由你的舌頭反過來操縱了你的心。適當的沉默可以讓你避免禍從口出，讓你能有充分的時間進行冷靜的思考，以避免做出會讓你後悔的事情。沉默的確是金！

管理者們需要沉默則是為了在醞釀思考後能有瀟灑自如的談吐。只有在交際中多一些高品質的談話，少一些無目的和平庸的閒語，才能讓你的思想火花放出光彩，讓你的語言的藝術在思考中得到昇華，讓你的個人魅力在語言中大放異彩。

在交際中，沉默可以說是一門藝術，藝術是要求分寸和火候的，不可濫用無度，誠如黑格爾所言：「一切人世間的事物，皆有一定的尺度，超越這尺度，就會招致沉淪和毀滅。」可是，在交際中應該如何正確運用沉默技巧呢？這對於很多管理者來說，是一個相當大的困難，通常，他們很難掌握好這個尺度。

一般而言，在如下幾種交際情況下應該採取沉默的方式：

1.　在明明自己有理卻說不清楚時。大家可能常常會有這樣的苦惱，自己有理可是卻說不清。有理當然急於表白陳明，讓真相公之於眾，以維護正義，主持公道，讓自己得到認可，避免為人誤解，也讓自己免受壓抑，保持心情舒暢。但當你面對的恰是一些不明事理的人，或有意不買你帳的人時，這時你說得再多再透，要麼是對牛彈琴，要麼讓對方越加得意。如果你乾脆沉默不語，反而會有震動之效。不明事理的人會有所省悟，不買你帳的人，不再敢輕視你。

2.　在別人情緒激動異常憤怒時。有些人在發表意見或是闡述見解時，情緒

十分激昂，言辭也很激烈。這有兩種情形：一是他的談話的確是真知灼見，頗似有道理。二是他的談話其實偏激謬誤頗多，並無過人之處。但不管哪種情形，在他激憤時肯定有一言抵三軍的良好感覺。此時你要發表意見，他鐵定會充耳不聞，或者言語相加，強加辯駁。你是陋見、誤識自不待言，你是明見、良識，他也絕難理會，此時你自當沉默，待他熄火平靜下來，盡可能與他心平氣和推心置腹的交換意見，商討定奪。

3. 在自己陷入孤立無援時。自己的想法，在經過深思熟慮後，總希望把它傳達出去，讓別人了解它、接受它。但一個團隊中往往各人意見不同，可謂異彩紛呈，你的意見未必能為大多數人接受。若是大多數人歡迎的，那麼你可以盡情發揮，完全有這個條件和環境。若你的意見與大多數人的意見相牴觸，正確也好，錯誤也好，深刻也好，膚淺也好，你都會遭到大家的反對和排斥，你再堅持說下去已毫無意義。此時你不如沉默不說。你的意見充滿謬誤，頗為膚淺，本無須多說。你的意見是真知灼見，說了也沒用，待時過境遷，真理自然明朗，正確的意見遲早會被人理解和接受。

4. 在面對專橫霸道的人時。那些專橫霸道的人最渴望別人尊重他的態度、認知、意見，以自己說了算為個性特徵，聽不進別人的見解，哪怕是高見，容不得別人出頭露面。對這樣的人，你說得再透澈、精彩，他也不買你的帳，甚至招致他的滿心厭煩，心懷嫉恨。在這樣的人面前，最好是保持沉默，任他聲嘶力竭、口沫飛揚，你低頭不語，以這種以柔克剛的方法，讓他洩氣下來，冷靜起來。如此，對方的無理驕橫之詞不僅無法叫售，你還可乘隙略陳己見，常有反客為主之效。有些地位、身分較特殊的人，在他們的言談中表現的與其自身地位、身分相應的某些專橫味道，對他們保持積極的沉默也是必要的。

在以上幾種情況下，應該要懂得運用沉默技巧，但是，這種沉默技巧又該如何具體操作也是很有講究的。首先，要切合交際需求，沉默表面上是消極的交際行為，其實是以退為進的積極的交際行為。沉默不是逃避、忍讓，而是一種策略，目的在於更有效的促進交際。其次要把握好沉默的時機。什麼時候該沉默，什麼時候不該沉默，這是很有講究的。沉默適時恰當，就會產生積極的交際效果，否則無法產生應有效果。比如在意見孤立時，你可先陳說後沉默，在別人激憤時你最好一句別說，免得對方就此發揮沒完沒了。再次，要注意掌握沉默的時間。積極的沉默不是永久性的，只是暫時性的。根據交際的需求，會見好就收，該長則長，該短則短。最後，要與發言、舉措等積極的交際行為結合起來。

　　沉默從某種意義上說，應是一種準備和醞釀，是等待時機之舉。應把它理解為一種手段，真正目的還是為了把你的所想發表出來實施出來。如果你的理解和意見有某些疏失和不足，也可得到一個檢測、反省的機會，從而補充、完善、修正起來。

二、透過口頭禪的心理暗示讀懂對方

　　語言的風格可以說是一個人性情的表現，常常掛在嘴邊的口頭禪所屬的語言風格，會讓人很自然的把你與這種氣質連結在一起，例如「謝謝」、「對不起」等詞彙讓人感覺到你的親切有禮；總是把「無聊」、「沒勁」掛在嘴邊的人，也會讓別人感覺到他的頹廢、疲憊和無追求。

　　整體來說，口頭禪是人內心中對事物的一種看法，是外界的資訊經過內心的心理加工，形成了一種固定的語言反應模式，以至於出現類似的情形時，它就會脫口而出。口頭禪反映了人們的一種情緒，人當時的一種心態，同時也間接的反映了一個人的性格。因此，口頭禪作為一個下意識的表現，

它可以幫助管理者們在交際中迅速的去判斷一個人的性格。

　　一位大學心理學系的博士介紹，口頭禪的形成無外乎兩個原因：一，重大事件對人的影響。二，累積效應的結果。譬如，一個滿腔熱情的年輕人真摯的投入到戀愛中，愛情欺騙了他，當他失戀後，可能在一段日子裡他會對愛情嗤之以鼻，他的口頭禪也許就是：「愛情這東西，就是個謊言！」而當一個人多次遇到同樣的情況後，累積效應就會在他的口頭禪中得以展現。如果在生活中多次遇到見死不救、落井下石，那麼也就不難理解為什麼會有「現在的人啊，和以前沒辦法比」這樣的口頭禪了。

　　日常交際生活中，各式各樣的口頭禪會時時刻刻灌進我們的耳朵，有的口頭禪表現得比較主觀、驕傲，相反，有的口頭禪則委婉、謙虛。那麼，掛在嘴邊的口頭禪到底反映了人們什麼樣的心理呢？

　　我們可以透過心理學專家研究的這幾種常見的口頭禪來測對方的性格：

（一）但是、不過

　　這樣的人總是提出一個「但是」來為自己辯解，「但是」語是為保護自己而使用的，性格有些任性。它顯得委婉、沒有斷然的意味，也顯示其溫和的特點。從事公共關係的人常有這類口頭語，因為它的委婉意味，不致令人有冷淡感。

（二）可能是吧、或許是吧、大概是吧

　　有這種口頭語的人，他不會輕易將內心的想法完全暴露出來，自我防衛的本能很強。而且此類口語也有以退為進的含義，使得他在處事待人方面很冷靜，所以工作和人事關係都不錯。事情一旦明朗，他們會說「我早預測到這一點」，從事政治的人多有這類口頭語，這類口頭語隱藏了自己的真心。

（三）聽說、據說、聽人講

這種人的心裡總是希望替自己留有一定的餘地。他的見識也許很廣，但決斷力還遠遠不夠。很多處事圓滑的人，易用此類語。在辦事過程中，他們會為自己時刻準備著臺階，有時也會被很矛盾的心理困擾。

（四）說真的、老實說、的確、不騙你

這樣的人性格有些急躁，內心常有不平，經常會有一種擔心對方誤解自己的心理。他會十分在意對方對自己所陳述事件的評價，所以一再強調事情的真實性，更多希望的是自己在團體中可以被認可，並得到很多朋友的信賴。

（五）應該、必須、必定會、一定要

一方面，這種人通常都極為自信，不過做起事來還是相當理智，會冷靜思考，然後想辦法將對方說服，令對方相信。另一方面，「應該」說得過多時，反表現出其有「動搖」的心理，長期處於管理階層的人，易有此類口頭語。

（六）憑什麼呀

喜歡說這個口頭禪的人，可能人比較正直，但卻有幾分神經質，總覺得事情不該是這樣的，但卻這樣發生了。或出於心理失衡，或基於憤世嫉俗，總之，就是看不慣那些與意願相悖的事，並以重複出現的這句口頭禪來鳴不平，緩解鬱悶。他們對公平和特權十分敏感，「憑什麼呀」，其實是在訴苦，抑或是在控訴，典型的「憤青」情結。

（七）你先聽我說

喜歡說這話的人非常在意自己的看法，而一個「先」字，表露出他擔心對方誤解自己的心理。一方面希望別人重視、尊重他的意見，另一方面又在擔心別人對自己的誤解。自信心控制欲強，自認能將對方說服，令之相信。溝通中將別人打斷，或不讓對方說話，表明他的性格有些急躁，內心常有不平。

（八）啊、呀、這個、那個、嗯

常是詞彙少，或是思維慢，在說話時利用作為間歇的方法而形成的口頭語的習慣。因此，使用這種口頭語的人，反應是較遲鈍或是比較有城府的。也會有驕傲的公務員愛用這種口頭語，因怕說錯話，須有間歇來思考。這種人的內心也常常是很孤獨的。

（九）我傻眼

這樣的人任何時候，只要事情不是預計和想像的那樣，都會「傻眼」。其實問題通常沒那麼嚴重，但總是習慣於在潛意識裡誇大成像，並在表露於口頭禪的誇張情緒中反映出來。這種人很活潑，坦誠，不隱諱個人感情，但容易意氣用事。一句「我傻眼」，將所有的人和事一視同人，等量齊觀。所以，此類人善於從廣度上發現問題，但不擅長從深度上思考問題。

（十）不可靠

老是把「不可靠」掛在嘴上，事事擔心，覺得「人人不可靠」，實際上是主觀在「懷疑一切」。只是自身從來沒有意識到，「只是我在懷疑罷了」，而非事事都真的可疑，可疑的只是他自己。因為不確信結果，所以就懷疑一切，這不是防微杜漸，而是為不自信和不敢承擔結果找託詞。這種人性格多疑、苛刻，既求細節又重結果，容不得半點差錯和不順心，典型的完美主義者。很多時候，他顧慮更多的是自己的感受，很難設身處地為他人著想，往往把一些意外因素主觀的歸結到他人身上。

當然，常見的口頭禪遠遠不只這些，這就需要管理者們在交際中仔細觀察，多用心揣摩。如果能夠學會透過口頭禪看其人的性格，那麼，在人際交流中，你就能遊刃有餘的進行應酬。這對於在人際關係很重要的職場上來說，可以說是一筆不小的財富。

三、「形」心不離 —— 社交形象重千斤

對於每一位管理者而言，首先自身得「看起來像個領袖」。這一點，對於公眾有著深刻的心理暗示和影響，在當今的資訊傳媒時代，身為高階管理者無可避免的會成為「公眾人物」。公司老闆的個人形象，代表企業形象、產品形象、服務形象，在跨地區跨文化交流中代表民族形象、地方形象和國家形象。因此，老闆的個人社交形象很重要，應該用心的去包裝。

每個人的形象由兩部分構成，老闆們也不例外。一是知名度，二是美譽度。有名不一定有美譽度。形象的重要，一是說形象就是宣傳，另外形象就是效益，形象就是服務。形象好人家才能接受你的服務。形象就是生命，形象重於一切。

怎麼塑造一個好的形象呢？

大多數人對另一個人的認識，可說是從其衣著開始的。特別是對老闆 —— 最高管理階層的人士而言，衣著本身就是一種武器，它反映出你個人的氣質、性格甚至內心世界。一個對衣著缺乏品味的人，在社會交際中必然處於下風。

古人云，「雲想衣裳，花想容」，「人靠衣妝馬靠鞍」，還有「佛要金裝，人要衣裝」。如果你希望建立良好的形象，那就需要全方位的注重自己的儀錶。從衣著、髮型、妝容到飾物、儀態甚至指甲都是你要關心的。其中，著裝是最為重要的，衣著某種意義上表現了自身對工作、對生活的態度。

可見著裝對一個人的形象有多麼重要！

在目前這個多變的時代，服裝已經不僅僅是代表一個人的形象了，它是一種文明、一種藝術、一種文化。我們從一個人的著裝上，第一時間就可以看出這個人的性格，它是人與人交流的鋪路石。其實，在禮儀中最重要的就是著裝。

　　可以說，在現代社會交際過程中，儀表和著裝往往就能決定別人對你印象的好壞。儀表與著裝會影響別人對你專業能力及任職資格判斷。設想一下，如果你蓬頭垢面的去進行重要商務會談，首先在氣勢上就輸給了對方，還會讓對方覺得沒有得到尊重，那麼這個會談還會順利的進行嗎？

　　美國一位眾議員曾說，他認為一個人的外表可以建立，也可以毀掉一個人的整體形象。「你不用非要穿著設計師設計的衣服，但是需要注意一些基本細節。保證你的衣服是乾淨的，熨燙過的，鞋子是擦過的，要精心梳理頭髮，保證指甲是乾淨的。如果你對外表多花點心思和努力，你將會比你的競爭對手出發點高一些。」

　　出色的外表可以為你帶來不小的收益。如果一個人去過香榭麗舍大道的商店（世界上最著名的和最奢侈的購物街），或者棕櫚灘的沃斯大道的商店（也是一條匯集世界著名品牌的著名購物街），毫無例外的會有一位從頭到腳精心打扮的購物助理走過來向你問好。畢竟，如果你要花幾千美元買一套香奈兒或者亞曼尼套裝，誰都會願意從看起來與套裝一樣精明幹練的銷售人員那裡購買。儘管類似精緻的布料、自己偏愛的裁剪和手工縫製增加了套裝的成本，但很多著名的設計師相信如果他們的服裝成本高的話，那麼他們的設計就有更高的價值。在我們的社會中，有一種外表形象共識：衣著光鮮等於成功。調查研究雇主們傾向於給穿著講究的求職者更高的薪資。一位大學教授研究了給人印象深刻的職業形象和起薪之間的關係。她向一千多家公司發出一組相同的履歷，其中的一些履歷提供的是申請人在進行形象設計之前的照片，其他的履歷提供的是申請人進行了形象設計之後的照片。履歷中要求公司提供起薪的數字。當把一個普普通通形象的申請人，打扮成衣著光鮮的專業化形象之後，起薪提高了 8%～ 20%。

　　出色的外表有時候也等於成功了一半。調查顯示，很多公司在第一次面試後就回絕申請人的原因之中，排在第一位的是申請人糟糕的外部形象。

紐約一家著名房地產公司的董事長說她在僱人的時候，很看重員工的第一印象。她討厭下面的四種行為：面試的時候穿著粗糙的戶外運動鞋；身上香水味或者鬍後水味道太濃；握手的時候沒有起立；行為太隨意。「我們是一家在麥迪遜大道的公司，所以我們希望盡可能以最高的專業禮儀來展示他們自己，」她說，「如果一個人的穿著不符場合，或者香水味道太濃，就表示這個人判斷力有問題。如果這位潛在的員工能夠表現出非常專業的外部形象，那麼我們公司就少了一件需要擔心的事情。」

　　莉蓮‧弗農（Lillian Vernon）——是莉蓮‧弗農品牌的創始人，她在1951 年創辦了該公司，她說那個時候的職業套裝不像現在這麼複雜，這也是她主張穿著要講究一些，而不是穿著樸素一些的原因，特別是在工作面試的時候。她說她不會僱用面試時衣著粗心或者不得體的人。弗農認為如果這份工作對一個人來說很重要的話，她或他會透過自己的衣著打扮表現出他們的期望。「如果你的衣著粗心或者不得體，就是說你不尊重你自己，也不在乎你代表公司所表現的形象。」弗農說，「表現出專業得體的形象說明你是有準備的，是可以提升的。」她還表示肢體語言也是一個人整體形象中的一部分。「我們見到過求職者把手肘或公事包放在我們的辦公桌上，還有一些懶散的坐在他們的椅子上。如果你向後靠的話，就會讓人留下你對這份工作不感興趣的印象。」她說，這些讓人生氣的舉動雖然不是一個人能不能得到這份工作的決定性因素，但是她認為這些舉動很顯然不會帶來什麼積極的作用。「如果一個人穿著得體，也不意味著他合適這份工作，但是如果他的形象不太合適，他就沒有機會進行下一次面試了。」她說道。在你去一家公司洽談業務或者面試之前，最好先了解公司的衣著規則。

　　一般來說，選擇正式一些的穿著總比衣著隨便要好，所以要在車裡或者家門後留件夾克或便裝上衣，以便臨時與別人有重要的會議之用。

在如今，隨著人們對生活品質的提高和對外交流的日益頻繁，著裝已越來越受到人們的重視，所以作為一個管理者的人更要注意自己的著裝，一套好的著裝不僅可以為外表加分，還可以展現自己良好的文明修養和獨到的品味。可以說它是一個人的外塑形象，也是每一個成功企業人士的基本特質。注重著裝的人，在能展現儀表美的同時，也增加了交際，讓人留下良好的素養形象。

當然，有好的著裝習慣不是要求每位管理者都追求奢侈品牌，也不一定要求件件衣服都得是名牌，它的重點是不管你穿什麼，都一定要乾淨、平整、規範，要適合你所出席的場合。

管理人的著裝規範不僅代表個人修養的標誌，更是企業規範的一種形象的展現。

這種規範主要表現在以下四個方面：

1. 商業人士要穿西裝，熱也要穿。
2. 要揚長避短，重在避短，短手指就不能戴戒指，圓臉的女孩就不能戴圓的耳環。項鍊的長度和粗細應該和脖子的粗細成反比。
3. 遵守慣例。不能講各有所好，比如，商務會談時一般穿西裝不帶領帶夾，如果用，要有講究，黃金分割點為位於襯衫第 4 至 5 顆扣子之間。
4. 區分場合。不同的場合著裝要有所區別，有些場合必須表現親切，就需要著裝大方樸實；與銀行家談事情時，需要穿得精明幹練，才能博得對方信任；與文藝界人士聚會時，最好穿得時尚潮流，富有人文氣息；平日工作時，衣著除了輕便外還得要有專業權威。

我們在為自己設計一個好的個人形象時，除了著裝這一重要要素外，還有另外五個方面也值得我們去注意：

1. 儀表。也就是外觀。重點是頭和手，其他的我們看不到，頭部和手部很重要，鼻毛不能過長，不能有頭皮屑，一般要先梳理後穿衣服，身上不能有怪味。男人的頭髮也有要求，不要太長。

2. 表情。是人的第二語言，表情要配合語言。表情自然、不要假模假樣；表情要友善、不要有敵意；友善是一種自信，也是有教養。表情要良性互動。要雙方平等溝通。

3. 舉止動作。要有風度，風度就是優雅的舉止，就是優美的舉止。優雅的舉止，實際上是在充滿了自信的、有良好文化內涵的基礎上的一種習慣的自然的舉止動作。舉止要文明，尤其是在大庭廣眾之前，我們必須要樹立個體代表群體這樣一個理念。比如不能夠當眾隨意整理我們的服飾，不能當眾處理我們的垃圾，舉止簡言之是教養。進而言之，舉止要優雅規範。所謂的站有站相、坐有坐相。手不要亂放，腳不要亂蹬。

4. 談吐。第一要壓低說話聲量，打電話和談話不能聲音過大，聲音過大顯得沒有修養。受教育程度不高。說話的聲音低一點有兩個好處，一是符合規範，二是比較悅耳動聽。第二、慎選內容，言為心聲。你所討論的問題，首先是你的所思所想，要知道該談什麼不該談什麼。第三、在商務交流中，談吐時禮貌用語的使用也是很重要的。

5. 待人接物。有三個基本事項，事關你的形象，也事關你的企業生命。第一誠信為本；第二遵法守紀；第三「遵時守約」。時間就是生命、時間就是效益，商務交流中必須要遵守時間，這關係到三點：一、是對人尊重不尊重的表現，二、你尊重不尊重自己，尊重別人就是尊重自己，自己講不講信譽；三、你有沒有現代意識，不遵守時間就是沒有現代意識的表現。

四、通俗易懂的語言更具說服力

俗話說：行車看道路，說話看對象。作為一個管理者，避免不了在公眾場合以發表言論來闡明自己的意見，發表自己的觀點。那麼，當管理者在不同的場合就應該說不同的話，首先你要揣摩現場聽眾的心理，考慮他們的接受能力和理解能力，要時刻注意自己的話是說給在場的各位聽眾聽的。

1988 年 5 月，美蘇兩國領導人會談。在歡迎儀式上，戈巴契夫說：「總統先生，你很喜歡俄羅斯諺語，我想為你收集的諺語裡再補充一條，那就是『百聞不如一見』。」戈巴契夫之意，當然是宣稱他們在削減武器上有所行動了。雷根也不甘示弱，彬彬有禮的回敬道：「是足月分娩，不是匆忙催生。」雷根的諺語也頗具形象的說明了，美國政府不急於和前蘇聯達成削減武器等大宗交易的既定政策。

兩國領導人經過緊張商榷，在某些問題上縮小了分歧，都表示要繼續對話。戈巴契夫擔心美國言而無信，於是在講話中用諺語提醒：「言必信，行必果。」

雷根也送給戈巴契夫一句諺語：「三聖齊努力，森林就茂密。」

常言道：「彈琴看聽眾，說話看對象。」這兩位國家領導人說話就很會看對象。

我們在說話時要心有聽眾，要了解聽眾的心理反應與理解水準，意識到自己是講給他們聽的，也就是說要了解他們的接受能力。

一個管理者要想收攏被管理者的人心，就要適應大眾的心理，講通俗易懂的話。

試想一下，無論你的話多麼富有文采，多麼的詩情畫意，如果對方聽不懂，或在心理上無法接受，就等於說空話，白忙一場，也許還會討人厭。

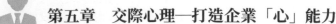

　　所以，管理者講話首要分清楚聽眾是什麼樣的人群、什麼樣的層次。如果他們是普通的工人，就必須使用淺顯、平易、樸實的語言，盡量少用專業術語，更不可咬文嚼字，故作高深，否則別人不易接受。如果聽眾是具有較高文化素養的上班族，或更高的管理階層，語言就可文雅些，讓自己的談吐適應他們的水準。當然，能夠做到雅俗共賞是最理想的，那將使你擁有更多的聽眾。

　　無論如何，要想在交際圈中受其歡迎，得到別人的親近，你的語言首要的還是通俗易懂。因為，只有這樣，才會有更多的人適應並喜歡你的談話方式，進而有更多的人願意跟你交談。

　　那麼，怎麼樣才能做到讓自己的話通俗易懂呢？

　　我們在與人交談時盡量少故意賣弄，要多用生活用語和習慣用語或諺語等。我們知道生活用語是人們口頭長期流傳，漸漸固定下來的，具有豐富的內容與精練的形式，包括慣用語、諺語、格言和歇後語等。它們雖然字數少，但寓意深厚，言簡意賅，若運用得當，可使言語簡潔，增強說話效果。

　　但成語是約定俗成的固定片語，具有穩定的結構和整體性的意義，具有很強的概括性和豐富的表現力。如果我們在演講中能恰當準確的運用成語，會大大提高語言的精練程度。例如，要表達「立了功而不把功勞歸於自己」的意思時，可以說「功成不居」；要表達「巴結或投靠權勢者從而獵取個人名利」的意思時，可以說「攀龍附鳳」。

　　習慣用語是口語中定型的習慣用語，它簡明生動，含義單純，通俗有趣。如要表達為某人或某事「提供方便」的意思，可以說「開綠燈」；如要表達空許諾言的意思，可以說「放空炮」。恰當的引用慣用語，可以增強談話中的幽默感和說服力。

　　其實，我們在談話時運用的口語主要是指那些多數人能聽懂的口語，而不是那些多數人聽不懂的冷僻用語。我們在演講時要用淺顯易懂的語言表達深刻的道理，這並非「信口開河」能辦得到的，而需要付出心血，經過認真

學習和實踐錘鍊，方能「易處見精」。

雖說在交際中語言要求通俗易懂，但並不拒絕文采。相反，作為成功管理者，語言一定要有一定的文采，才能有自己言語風格。成功管理者們還必須運用一切語言技巧，如邏輯技巧、修辭技巧，以增強語言的生動性和形象性。

五、以退為進，柔和的談吐令人欽佩

俗話說：「一句話能把人說笑，也能把人說跳。」一般情況下，能把人說「笑」的語言，通常是柔和甜美的。古往今來，和氣待人、和顏悅色都被視為一種美德，因此柔和又謙遜的說話方式，也是與人溝通時的重要內容。

成功管理者在社交場合中，盡可能使聲音聽起來柔和，避免粗厲尖硬的講話，以理服人，而不是以聲、以勢壓人。理直氣和更能誠服於人。語言美是心靈美的語言表現。「有善心，才有善言」，因此要掌握柔言談吐，首先應加強個人的思想修養和性格錘鍊。

1940 年，處於前線的英國軍隊已經沒有資金從美國「現購自運」軍用物資，而一些美國人也沒有看到唇亡齒寒的嚴重事態，想放棄援助。總統羅斯福在記者招待會上宣傳《租借法》以說服他們，為國會通過此法成功的營造了輿論氛圍。

在記者會上，羅斯福知道如果自己高聲指責那些人目光短淺的話，就會觸犯眾怒而適得其反。於是他妙語如珠，以理服人，使人們不得不心悅誠服。

他說：「假如我的鄰居失火了，消防栓在四、五百英尺以外。我有一段澆花用的水管，要是讓鄰居拿去接上水龍頭，就可能幫他把火滅掉，以免火勢蔓延到我家裡。這時候我怎麼辦呢？我總不能在救火之前對他說：『朋友，這條水管花了我 15 塊錢，你要照價付錢。』這時候鄰居剛好沒錢，那麼我該怎麼辦呢？我應當不要他的錢，讓他在滅火之後還我水管。要是火滅了，水

管還好好的，那他就會連聲道謝，原物奉還。假如他把水管弄壞了，答應照價賠償的話，我拿回來的就是一條新的澆花用的水管，這樣也不吃虧。」

羅斯福總統援助英國的決心很堅決，但他沒有直接表達這種強硬的態度，而是用柔和的語言表達自己的真實想法，達到了非常好的說服效果。

人們聽了悅耳動聽的言辭會產生愉快的情緒，而對那些指責與大聲的喝斥，也就產生一種排斥的心理。羅斯福總統就深明這一點，為了不引起眾怒，他以柔和的聲調向聽眾親切的交談，這種方式無論於情於理都打動了他的臣民的心，使他的宣傳圓滿成功。

就心理學來說，說話時的語調能反映出一個人的內心世界，當一個人生氣、驚愕、懷疑、激動時，表現出的語調一定是不自然的。從一個人的語調中，我們就可以感到他是一個令人信服、幽默、可親可近的人，還是一個呆板保守、具有挑釁性、好阿諛奉承或者陰險狡猾的人。一個人的語調同樣也能反映出他是一個優柔寡斷、自卑、充滿敵意的人，還是一個誠實、自信、坦率以及尊重他人的人。

柔和的談吐是值得提倡的一種交際方式。談吐柔和表現為語言含蓄，措辭委婉，語氣親切，語調柔和，是一種很有感染力的說服方式。這樣說話對方會感到親切和愉悅，所談之言也易於入耳生效，有較強的征服力，往往能產生以柔克剛的交際效果。

品牌服裝店的老闆張某遇到一位非常挑剔的客戶，試了二十幾套衣服還是沒有挑選好想要買的。張某因為客戶太多不得不照顧別的客戶。

當這位客戶終於挑選好自己中意的要結帳的時候，張某正在招待其他的客戶，頓時她覺得自己受到了冷落，非常不高興，於是大聲指責道：「你這個老闆是什麼服務態度，沒看見我在這裡等著付帳嗎？你到底還想不想做生意，我還有急事。」

這時，張某若是覺得受了氣跟她高聲爭辯，就會吵得不可開交，生意也做不成了。然而聰明的張某沒有這樣，他安排好其他客戶後和氣的說：「請您原諒，我們店生意忙，對您服務不周到，讓您久等了。」

張某的態度和話語真誠而謙讓，那位客戶的臉一下子紅了，轉而難為情的說：「我說得不好聽，也請你原諒。」

這件小事，就說明有理不在聲高，說話並非有稜有角、咄咄逼人才有分量。要知道人的心理思維是奇特的，有很多時候都是吃軟不吃硬，一方若是態度很強硬，另一方就會比他還要強硬。若是一方十分謙和，而另一方也不好意思再固執下去，這就是心理的感化或同化作用。

謙讓的本身就充滿了尊重、寬容和理解，它能產生一種感化力，從而引起對方的心理變化。火氣遇上和氣，就像火遇到了水，失掉了發洩的對象，自然就會降溫熄滅。委婉表達法是指當與他人意見不合，又想堅持己見時，不可以對他人譏諷嘲笑，橫加指責。委婉的表達自己的堅定立場，會獲得意想不到的溝通和說服效果。

當然，學會怎麼樣讓自己有柔和的談吐也不是一件易事，首先要加強個人的思想修養和性格鍛鍊，語言美是心靈美的具體表現。一個心靈醜惡的人，出口絕對是惡言惡語，有善心才有善言。其次，談吐柔和，在遣詞造句上有一些特殊的要求。

所以，作為企業管理者，在交流中應多用謙敬語、禮貌用語，表示尊重對方的觀點和感情，以引起對方的好感。尤其要避免使用粗魯、汙穢的詞語。在用詞上要注意感情色彩，多用褒義詞、中性詞，少用貶義詞。在句式上，應該多用肯定句，少用否定句，以減少刺激性。

無論談論什麼樣的話題，都應使說話的語調與所談及的內容互相配合，並要恰當的表明對某一話題的態度。要做到這一點，所使用的語調應該能向

他人及時準確的傳遞所掌握的資訊，並得體的勸說他人接受某種觀點或者宣導他人實施某一行動。雖然並不是說絕對不能高聲斷喝，但是用柔和的語調與人談話效果會更好些。

要知道，一句柔和優雅的話語，總算能勝過一句厲聲的喝斥。因為人人都有喜歡聽好話的心理，而對厲聲喝斥會產生一種排斥情緒。

所以，每一個管理者，學會擁有委婉柔和的談吐吧，它將讓你的話更加具有說服力。

六、給對方面子，「不」字要巧說

生活中常常會出現一些需要拒絕的事，比如，談判中對方提出不合理，或者超出本公司承受範圍的要求，這時候作為一個管理者該怎麼辦？斷然的拒絕別人只會使得對方覺得沒有面子，繼而影響到以後的生意。

保羅是英國劍橋大學的一位高材生，這年輕人聰明好學，很有才氣，認識他的人都說保羅將來會成就一番「大事業」。不過保羅有一個毛病，或許是恃才自傲的緣故，平時的他總顯得有點放蕩不羈。後來，保羅向自己心儀的一位女孩求婚，那女孩說：「我寧可跳到泰晤士河裡淹死，也絕不嫁一個浪蕩的人！」遭到無情拒絕的保羅心靈受到極大震撼，從此一蹶不振。後來在一個陰鬱的午後，他竟真的跳進了波濤洶湧的泰晤士河……

保羅的悲劇告訴我們，鑑於不同的情勢、語勢，人們說「不」時，應摒棄直露而選擇婉曲。心理學家告訴我們，為人處世要有「軟」和「硬」兩手段，軟硬兼施。如何學會委婉說「不」，使別人接受，是一個成功者最基本的素養。

要想不違背自己的真實意願，還能夠不得罪對方，讓自己擁有一個好的交際關係，那該怎麼辦？這就需要你掌握一些拒絕的技巧，學會幽默巧妙的說「不」字。

　　文學家蘇軾在朝廷任翰林學士時，他的弟弟蘇轍是參知政事。兄弟二人是高官，往來求職者很多。一次，府裡又來了一個人，這人與蘇轍是故交，曾三番五次求差遣，蘇轍躲著不見。這個人倒是不厭其煩，老往家裡跑。

　　這一天碰見了蘇軾，懇求道：「還望翰林以一言相助。」蘇軾早就對此人的行為看不慣了，想藉機教訓他一頓，讓他絕了請託的念頭。蘇軾邀他坐下，說道：「我聽到過這樣一個故事，你聽聽覺得有沒有趣。」

　　「有一個人窮得無以為生，便去盜墓。鑿開第一個墓，只看見一人光著身子坐著，說：『你沒聽說過漢朝楊王孫輕財傲世，下葬時連衣服也不穿嗎？能有什麼東西接濟你呢？』這個窮人又鑿開了第二座墓，墓中是個帝王，笑咪咪的說：『我早已立下遺詔，墓中不放金玉之物，所有器皿皆陶瓦一類，你要我給什麼呢？』窮人氣得沒辦法，又去找墓，發現有兩座墓連在一起，心想必有寶藏，又奮力刨挖，先鑿開了左邊的墓室，只見一個羸瘦的身影晃了過來，說：『我是伯夷，你看我面有飢色吧，那是因我餓死於首陽山下。實在對不起，我沒辦法滿足你的需求。』窮人嘆道：『我費了這麼大勁，卻一無所穫。現在就剩下一座墓室了，或許還有點希望。』說完正要鑿右邊的墓室，伯夷勸道：『我看你還是到別的地方去吧，隔壁那間住的是我兄弟叔齊，恐怕與我的情況差不多。』」

　　蘇軾講完故事，意味深長的笑了起來，那個「故交」也只得賠笑，心中羞愧不已，此後再也不到蘇府求職位了。

　　故事中的伯夷與叔齊正是隱喻蘇氏兄弟倆，而那個盜墓的窮人就是那個想要從蘇家得到好處的「故交」了。故事的諷刺性很強，在情理上，讓人一聽就明白，但又避免了正面拒絕的尷尬，蘇軾可謂是深諳拒絕藝術的高手了。也許我們每個人都遇到過這種情形。在拒絕別人時都會感到不好意思，但只要說得委婉、巧妙，只要做到心知肚明就可以了，不必攤開，讓雙方都尷尬。

從心理學角度來說，拒絕他人是一種不滿心理的外顯。這種心理如果表現得太直接就成了指責，如果採用婉言相告即是推辭，一般不得罪人的方式多採用後者。蘇軾的教養使得他絕對不會當面指責別人的不是，於是他也採用講了一個故事，把自己的不滿與拒絕表現出來的方法。

當企業經營管理者們在談判時，最好不要用絕對否定對方的字眼。即使由於對方的堅持，使談判出現僵局，需要表達自己的立場時，也不要指責對方。這時，我們可以說：「在目前的情況下，我們最多只能做到這一步了。」

如果這時我們能再做出一些無關緊要的妥協是再好不過，不就會讓對方有被拒絕的感覺。我們可以這樣說：「我認為，如果我們好言好說的解決這個問題，那麼，這個問題就不會有多大的麻煩。」這樣既維護了自己的立場又暗示有變通的可能。在這裡用的詞都是「我」、「我們」，而盡量少用「你」、「你們」。在談判中使用一些敬語，也可以表達你拒絕的願望，傳遞你拒絕的資訊。

有位常年從事房地產交易的人說，生意能否談成，可以從客人看過土地房屋後打來的電話上略知大概。大部分客人在看過房屋之後，會留下一句「我會電話和你聯絡」，從電話的語氣中，可以明瞭客人的心意。

若是有希望的回答，那語氣一定有親密感。然而一開始就想拒絕的客人，則多半會使用敬語，說得彬彬有禮。根據多年的經驗，這位房地產經營商一下子就會判斷事情有沒有希望。所以，當我們想拒絕對方時，可以連連發出敬語，使對方產生「可能被拒絕」的預感，形成對方對於「不」的心理準備。

可以說，怎麼樣巧說「不」是一門需要每個管理者仔細研究的學問。在這裡有一些拒絕技巧，如果你掌握了，那麼在人際交流中，你就可以做到遊刃有餘，既能維繫你的人際網絡，又不必為難自己，從而皆大歡喜。

（一）誘引法

需要否定時，我們不妨在言語中安排一兩個邏輯前提，不直接說出結論，邏輯上必然產生的否定結論留給對方自己去得出。這種方法在面對上游客戶時，使用效果比較理想。

例如，戰國時，韓宣王欲重用兩個部下，故向大臣摎留徵求意見。摎留明知重用二人不妥，但如果直言「不」，可能會冒犯韓王，並且會讓韓王誤以為自己妒忌賢能。於是，摎留這樣表達見解：魏王曾因重用這兩人失去國土，楚王也因重用他們而失去國土，如果我們也重用這兩人，將來他們會不會也把我國出賣給外國呢？聽了這話，韓王不得不放棄了原有的打算。

（二）讓步法

不妨在準備說「不」字時，主動為對方考慮一下退路或補救措施，使他們不至於一下子跌進失望的深谷。

有一次，美國口才與交際學大師卡內基不得不拒絕一個於情於理都不應拒絕的演講邀請。他這樣對邀請者說：「很遺憾，我實在排不出時間了。對了，某某先生講得也很好，說不定他更適合你們。」

卡內基向邀請者推薦了一個目前有實力解決此問題的同行，使邀請者多多少少獲得了心理補償，減輕了因遭拒絕而產生的不滿和失望。當我們對對方的要求「心有餘而力不足」時，不妨採用這種方法，它可以充分表達我們的誠意，從而得到對方的理解。

（三）曲解法

即故意曲解對方說話含義。為了達到拒絕的目的，不妨裝聾作啞一回。

有一次，一位貴婦人邀請義大利著名小提琴家帕格尼尼（Niccolò Paganini）到她家裡去喝茶，帕格尼尼同意了。當然，貴婦人是醉翁之意不

在酒了。果然，臨出門時，貴婦人又笑著補充說：「親愛的藝術家，我請您千萬不要忘了，明天來的時候帶上小提琴。」「這是為什麼呀？」帕格尼尼故作驚訝的說：「太太，您知道我的小提琴是不喝茶的。」

帕格尼尼透過曲解對方說話含義，而把自己的拒絕意思表達得明明白白。這種方法適用於愛玩小手段的狡猾者，讓他（她）面對拒絕時啞巴吃黃連 —— 有苦說不出。

（四）讚美法

有一個笑話，妻子：「親愛的，格林夫人買了一頂帽子，真好看！」丈夫：「如果她像妳這麼漂亮就不用買帽子了。」這個聰明的丈夫透過誇讚妻子的美貌，巧妙的達到了拒絕目的，既討好了妻子又不需要破財，一舉兩得。某公司有位專家，因事要請一星期的假。可老闆只給他三天假。老闆說：「你是個能幹的專家，別人需要七天辦的事，你三天就能辦妥。」專家只好垂頭喪氣的走出辦公室，他若反駁老闆的話，無異於承認自己是個笨蛋。

這種拒絕法的高妙之處就在於，如果對方不接受你的拒絕，那就是承認自己不行，又有誰願意承認自己不如別人呢！

禮貌拒絕對方的方法還有很多，比如，用反詰表示「不」字：有一個你不中意的男（女）孩問：你喜歡我嗎？你可以回答：你認為我喜歡你嗎？

用沉默表示「不」字：一位不大熟悉的朋友送來請柬，邀請你參加晚會，你可以不予回覆，它本身就表明，你不願參加這樣的活動。

用迴避表示「不」字：你和朋友看了一場拙劣的武打片，走出電影院後，朋友問：你覺得這部片子怎樣？你可以說：我更喜歡抒情一點的片子。

用拖延表示「不」字：一位男（女）孩想和你約會，他（她）在電話裡問：今天晚上 8 點去跳舞好嗎？你可以回答：明天再說吧，到時候我打電話給你。

當我們要拒絕別人時，一定要維護對方的面子，凡事留一線，與其撕破

臉面，不如結個善緣。這樣對方只會敬服你，而不會怨恨你。

七、微笑 —— 塑造管理者好形象

　　微笑，是世界上最美的表情，它能展示一個人的魅力，更能夠提升一個人的個人形象。

　　微笑，意即和善、親切、不容易動怒。一位經常面帶微笑的管理者，誰都會想和他交談。一個人的肢體語言，如姿勢、態度所帶來的影響不容忽視。若你經常面帶笑容，自然而然的，本身也會感到非常愉悅、身心舒暢。一個永保愉悅的神情與適當姿態的人，比較容易受到眾人的信賴。

　　會微笑的管理者都擁有良好心境，心地平和，心情愉快；會微笑的管理者都會善待人生、樂觀處世，他們的心底充滿了陽光；會微笑的管理者擁有強大的自信，他們對自己的魅力和能力懷抱積極和肯定的態度；會微笑的管理者內心都流露出真誠與友善、坦蕩與善良。用微笑做招牌，每個人都可以成為這個世界上最親和的管理者。

　　可是在我們身邊，真正會微笑，真正懂得笑臉的重要性的管理者又有多少呢？在我們的生活中，有太多的管理者不懂得用笑臉來為自己的形象加分。

　　笑是世界共通的語言。只要有人向你展露出璀璨的笑容，大抵是向你表示：「我現在很快樂」或是「和你在一起很開心」。世界上不管哪一個人種、民族，每當人們心情愉快時，總會喜形於色；這時候，笑，是內心喜悅形諸於外的一種方式。同時，笑也是人與人之間表達善意時最直接的方法；多年不見的朋友相遇時，在互相趨近、熱烈握手之前，老遠就可以見到對方的笑靨，就是最好的證明。

　　俗話說：「伸手不打笑臉人。」早晨上班，遇到員工便笑臉相迎，對方也

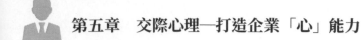
以笑臉示意，熱烈的打招呼，你的員工會為此整天都心情愉快的辦公。當與合作夥伴談生意，如果你笑臉相迎，對方勢必會覺得得到了你的尊重，大家心情暢快，生意也就能順利的完成。如果神情孤傲，旁若無人，必然造成一種死氣沉沉的壓抑氣氛，大家都不會開心。

高層管理者們在商業應酬中難免會接觸或置身陌生的環境，在陌生的環境裡，人人都習慣板起一張面孔，保護著原本虛弱的尊嚴，以免受到來自外界的侵犯和傷害。結果，陌生的環境照例還是陌生的，你所擔心的那種「危險」仍然潛伏在你的周圍。這樣，不是反倒把自己搞得很累嗎？

如果我們換一副表情，不要那種冷冷的傲慢的所謂尊嚴，不要緊繃著面孔，圓睜著警惕與懷疑的眼神，讓我們微微笑一下，會不會更好一些呢？

學會在陌生的環境裡微笑，首先是一種心理的放鬆和坦然。對待陌生人，我們該多一些真誠和善。我們根本用不著為那些人偽裝，因為我們都只是擦肩而過的人生過客。你的冷面他的冷面所有人的冷面，構成著陌生的人際環境，制約著心靈的溝通和交流。而我們學會了微笑，你的笑臉、他的笑臉，所有人的笑臉，儘管依舊是「陌生」，依舊要擦肩而過，但我們的內心卻再不會疲憊和緊張，我們的心裡也變得輕鬆而愉快，人與人之間雖無言但很有默契，我們在陌生的環境裡感到的不再是陌生冰冷，而是融洽和溫暖。

保持微笑，更是一種自尊、自愛、自信的表示。微笑是人類面孔上最動人的一種表情，是社會生活中美好而無聲的語言，來源於心地的善良、寬容和無私，表現的是一種坦蕩和大度。微笑是成功者的自信，是失敗者的堅強；微笑是人際關係的黏合劑，也是化敵為友的一劑良方。微笑是對別人的尊重，也是對愛心和誠心的一種禮讚。

在陌生的環境裡學會微笑，你也就學會了怎樣在陌生人之間架一座友誼之橋，掌握了一把開啟陌生人心扉的金鑰匙。

無論話說得多麼動聽，聲音語調多麼優美，若是沒有微笑，也難以打動

人。就像美麗的塑膠花，縱使灑上香水，也沒有鮮花的生氣和活力。當別人有事相求，我們如果微笑著並且真誠的婉言相拒，便不至於招來怨憤；如果冷若冰霜，愛理不理，即使話說得再合情合理，別人也會感到受到了漠視和冷淡，生出一肚子的不高興。

一個成功的人，不論身處何種困境，不論心裡有多麼的不高興，但是如果他始終能夠做到面帶微笑，那麼他就一定能贏得理解與尊重。這是身分和特質象徵，代表的是修養。和氣生財嘛，這樣人際關係才會特別好，當遇到困難時，大家也都會伸出友情之手。

經常微笑的管理者，不用說話也很吸引人，別人見到你就會有愉快的感覺。人之相交，特別是在爾虞我詐的商場上，貴在知心，並非以巧言相欺，而微笑是最能表白心跡的，它表示：「我對你有好感，請你不必戒備，只管把想說的說出來。」因此就很容易打動人。

應當注意，勉勉強強裝出來的病態的笑或虛假的敷衍應酬式的笑，與從內心發出的恬靜的微笑是截然不同的。那種出賣人格的卑躬屈膝、獻媚討好的笑，那種舊式商人為客戶擠出來的僵直的笑，都是不足取的。把自己擺在壓抑本性的卑屈地位，毫無意義的對別人笑，只會被人反感和輕視。

微笑可以表現出溫馨、親切的表情，能有效的縮短雙方的距離，讓對方留下美好的心理感受，從而形成融洽的交流氛圍。它能產生一種魅力，它可以使強硬者變得溫柔，使困難變得容易。所以微笑是人際交流中的潤滑劑，是廣交朋友、化解矛盾的有效方法。在世界各個地方的人們也許語言不相同、風俗不一樣、習慣不一致，但全世界都有一個相同的共識 —— 微笑意味著友好和放鬆。

當你剛剛在談判桌上與另一個老闆因為工作上的事情鬧了點彆扭之後，忽然有一天見面時，看到他對你送過來一個真誠友善的微笑，你還會像剛吵

完架似的把他當敵人嗎？所以，從今天開始，努力訓練自己微笑面對周圍的一切，把微笑時刻掛在臉上吧！

微笑雖然是一種簡單的表情，但要真正成功的運用，除了要注意口型外，還須注意面部其他各部位的相互配合。一個人在微笑時，目光應當柔和發亮，雙眼略為睜大，眉頭自然舒展，眉心微微向上揚起。把對方想像成自己的朋友或兄弟姐妹吧，這樣你會笑得更加自然大方、真實親切。

當一個人心情愉快、興奮或遇到高興的事情時，都會自然的流露出微笑。這樣的微笑既是一個人自信、真誠、友善、愉快的心態表露，同時又能製造明朗而富有人情味的談話氣氛。發自內心的真誠微笑應該做到笑到、口到、眼到、心到、意到、神到、情到。

在日常人際交流中，發自內心的微笑常常會產生許多奇妙的效果：給予初相識者微笑，他會覺得你像一個老朋友，很有修養；勸告朋友時，微笑會使對方感到你說的話是多麼有道理；有求於人時，由衷的微笑會使對方覺得無法拒絕你的請求；別人幫助你時，你報以微笑能使對方感覺到你的誠意；誇獎別人時，再加上衷心的微笑，你所得到的回報肯定會多上好幾倍；逛街或購物時，你在向對方開口之前先微笑，你會享受到服務人員提供給你的最好的服務。的確，一個成功人士由衷的微笑是極富魅力的。

如果你的面部流露出真誠的微笑，這對提升你的魅力是最好不過了，因為這是一個積極的信號。一個發自內心的微笑，可以迅速縮短人與人之間的距離，無形中也增添了你的魅力。

第六章

心理保健 —— 身心健康是正確決策、良好工作的基礎

作為企業「金字塔」頂尖的人物，他們有著讓人羨慕的財富，有著讓人驚嘆的業績，有著不同尋常的經歷，但是在實際工作中他們也承受著龐大的壓力，時刻都處於緊張的應急狀態中，這種心理上的壓力對健康有很大的影響。所以作為企業的締造者，繁忙的工作之餘，請關注一下自己的健康，放鬆一下緊繃的神經。善待生命，珍惜人生，這才是工作生活的真諦！

一、用積極的心面對人生

　　什麼樣的態度，決定了什麼樣的人生。當我們把生活比作一道大餐時，那麼它將充滿酸甜苦辣的各種味道。無論你選擇吃什麼，都沒有人強迫你，選擇什麼，你便得到什麼滋味。如果你選擇了積極便得到開心，選擇倒楣便得到糟糕，選擇消極便得到失敗……

　　身為管理者，人生際遇肯定會跟一般的人不同，要想在跌宕起伏中要享受快樂的人生味道，就要學會積極的面對人生。

　　造物主上帝，在他創造了驢子時，對牠說：「你是頭驢子，所以你吃的是草，而且缺乏智慧。你的生命將是 30 年。從早到晚，你都要不停的工作。在你的背上，還要馱著重物。」驢子回答說：「像這樣生活，30 年實在太長了。求求您，還是不要超過 20 年吧。」上帝答應了。

　　在他創造了狗時，對牠說：「人類是你最好的夥伴，因此你需要隨時保持警惕性，守護你最好的夥伴和他們的住所。你吃的是他們桌上的殘羹剩飯，你的生命期限為 25 年。」狗回答說：「我的主啊！對於這樣的生活，25 年太長了，我的生命還是不要超過 15 年為好。」上帝答應了它的要求。

　　隨後，他又對猴子說：「你像個白痴一樣懸掛在樹上，令人發笑。你將在世上生活 20 年。」猴子聽了這話，眨眨眼，回答說：「我的主啊，像小丑一樣活上 20 年確實太長了，請您行行好，不要讓時間超過 10 年吧！」上帝也答應了猴子的請求。

　　最後，上帝又製造了人，並告訴他：「你要用你的智慧掌握世界上的一切，並支配這一切，有理性的活在這個世上，你的生命為 20 年。」人聽完後，這樣回答：「主啊！人活著，只有 20 年的時間，怕是太短了，我看這樣吧，您將驢子拒絕的 30 年、狗拒絕的 25 年和猴子拒絕的 20 年，全部賜予我好嗎？」上帝同樣答應了。

最終，我們的世界也如造物主上帝所安排的那樣，人，先是無憂無慮的活過了一些年頭，接著，他成家立業，如同驢子般，背著沉重的包袱拚命工作；然後，像忠誠的狗一樣，認真守護著他的孩子；當年老的時候，他又像猴子一樣，扮演「小丑」，和他的孫輩們玩耍，享受晚年時的天倫之樂。

這其實就是人生。很多人就是這樣走過他們的一生。但是在這樣的過程中，每個人享受到的人生味道卻不盡相同。

心態是管理者們應對各種人生遭遇的態度的反應，好的心態有助於成功，差的心態只能毀滅自己。一生中，我們可能戰勝過很多人，卻經常被自己打敗。我們放棄機會，不是別人要我們放棄，而常常是自己主動選擇放棄；我們停止奮鬥，不是別人阻止了我們，而常常是自己主動停下來。

悲觀者最大的不幸就是沒有勇氣戰勝不幸。如果把我們日常所經歷過的種種痛苦煩惱分析一下，你會發現，這痛苦的來源有一大部分都是戰勝不了自己所造成的。

一個卸貨員，在卸貨時不小心將自己關到一個冷凍車裡。他在冷凍車裡拚命的敲打、叫喊，可公司的同事早已下班幫老闆過生日去了，根本沒有人會聽到他的叫喊。卸貨員的手掌敲得紅腫，喉嚨叫得沙啞，也沒人理睬他，最後他只得絕望的坐下喘息。

他越想越可怕，心想，車裡的溫度在零下 20℃ 以下，如果再不出去，一定會被凍死：他只好用發抖的手，找來紙筆，寫下遺書。

第二天早上，公司裡的員工陸續來上班。他們打開冷凍車，發現卸貨員倒在裡面。他們將他送去急救，但已沒有生還的可能了。大家都很驚訝，因為車裡的冷凍開關並沒有啟動，這龐大的冰櫃裡也有足夠的氧氣，而他竟然被「凍」死了！

其實卸貨員並非死於冷凍車的溫度，他是死於自己心中的冰點。因為他

根本不敢相信一向不能輕易停凍的冷凍車恰巧因要維修，而未啟動製冷系統。他消極的態度讓他連試一試的想法都沒有，他徹底被自己打敗了。

　　積極的心態，就是心靈健康的營養。積極的心態能吸引財富、成功、快樂。消極的心態，卻是心靈的惡疾和垃圾，這樣的態度，不僅排斥財富，成功、快樂和健康，甚至會奪走生活中已有的一切。

　　對於那些心態積極的管理者來說，每一種逆境都隱含著一種等量或更大的利益種子，有時雖然身處逆境，說不定其中正隱藏著良機；不要因為沒有成功就責備他人，埋怨他人。把自己的心放在自己想要的東西上，使自己的心遠離自己不想要的東西；不可低估消極心態的排斥力量，它能阻止人生的幸運，不讓人受益；不要因自己的心態而使自己成為一個失敗者，成功是由那些抱有積極心態的人所獲得的，並由那些以積極心態努力不懈的人所保持。

　　用積極的心態面對人生的管理者是幸福的。美國歷史上最偉大的總統林肯認為，如果一個人決心獲得某種幸福，就能得到這種幸福；人與人之間原本只有微小的差別，但這種微小的差別卻往往造成了極大的差異，造成這種差異的正是心態；如果你去尋找幸福，你會發現客觀存在迴避於你，但如果你努力把幸福送給別人，幸福就會來到你的身邊；兩個性格相同的人要想和諧的共處，至少其中有一個人必須應用積極的心態。

　　用積極心態面對人生的管理者是討人喜歡的。希望被人喜歡和欣賞是人們內心深處的渴望；要想得到他人的喜愛，首先必須真誠的喜歡他人，這種喜歡必須發自內心，而非另有所圖；「喜歡別人」是一種生活方式的結果，它是一種訓練有素的思想模式的產物。而能使你喜歡別人的一種思維方式便是積極思想，也就是說，你必須以一種積極而非消極的心態來對待他人。

　　用積極心態面對人生的管理者是可以健康長壽的。積極的心態能為你帶

來健康，消極的心態則相反；接受良好的思想——積極而愉快的思想，這樣會改進你感情作用的方式。一種事物如果能影響你的心理，就能影響你的身體；絕不要拋棄希望，因為每一種疾病都可以找到有效的療法，積極的心態更能幫助你找到辦法；積極心態能使人十分機敏的對待危險，從而排斥事故和悲劇。如果悲劇突來，積極心態也能引導你泰然處之。

用積極心態面對人生的管理者可以克服不安。事情無論大小，從個人私事以至於企業規畫，如果在處理過程中過於焦慮，便足以影響身心的平衡；沒有你們，地球仍然旋轉；平緩緊張情緒的最好方法就是以從容不迫的心情完成任何事；主要做法是減緩生活的步調，撫平內心的焦慮，以保持應戰的精力。

生活對於每個人來說都是公平的，在這方面賜予你的多一些，在另一方面就會少一些。所以，沒有必要整天抱著患得患失的心情，要學會抓住生活的每一個幸福的瞬間，以一種平和積極的心態面對生活，日子就會過得一順百順，如果整天沉迷徘徊於以往的得與失間，即使幸福在你身邊，你也體會不到。

二、用熱忱的心製造快樂

在英文中，「熱忱」二字是由「內」和「神」這兩個希臘字根組成的。事實上，一個充滿熱忱的人，等於是有神在他的心裡。熱忱也就是內心的光輝：一種熾熱的、精神的特質深存於一個人的內心。

對自己的事業和工作充滿熱忱，是一個成功的管理者必須具備的內在特質。它是無往不勝的精神武器，是一個人內心渴求成功的泉源，更是推動人向前努力邁進的動力。只有你內心充滿了熱忱，你才會在前往充滿荊棘的成功道路上快樂的走下去。

為什麼總是有很多管理者充滿疲憊，那是因為他們缺少一顆熱忱的心。對於任何一個管理者來說，只要克服自身的惰性，滿懷熱忱的生活、工作，快樂就會跟你如影隨形，到時候成功也就不遠了。

眾多的發明家、藝術家、詩人、英雄以及大企業的創造者，不論他們來自什麼種族、什麼地區，不論在什麼時代，那些引導著人類從野蠻社會走向文明的人們，無不是充滿熱忱的人。

穆罕默德就是一個十分典型的例子。他憑藉著自己無比的熱忱和信念，帶領著堅強不屈的阿拉伯人，在短短的幾年時間裡，從無到有，建立起了一個比羅馬帝國的疆域還要遼闊的帝國。雖然他們的戰士沒有什麼盔甲，卻有一種崇高的理念在背後支撐著，所以其戰鬥力絲毫不亞於正規的騎兵部隊；他們的婦女也和男子一樣在戰場上縱橫馳騁，殺得羅馬人潰不成軍。他們的武器雖然落後，糧草嚴重不足，但軍紀嚴明，從來不去搶奪什麼酒肉，而是靠著小米、大麥最後征服了亞洲、非洲和歐洲的西班牙，他們的首領用手杖敲一敲地，人們簡直比看到一個人拿著刀槍還要害怕。

而英雄般的法國聖女貞德，憑著對自己使命堅定不移的信念，手持一柄聖劍和一面聖旗，為法國的部隊注入了即使是國王和大臣也無法提供的熱忱，正是她的熱忱掃除了前進道路上的一切阻礙。

熱忱可以使你具有高度的自覺性，把全身的每一個細胞都帶動起來，完成內心渴望完成的事業，它可以說是一種難能可貴的品格。熱忱的力量真的很大！當這股力量被釋放出來支援明確目標，並不斷用信心補充它的能量時，它便會形成一股不可抗拒的力量，即使在面對一切貧窮和不如意的時候，你也可以快樂的去戰鬥。

一個熱忱的管理者，無論做什麼生意，都會認為自己正在從事的是世界上最神聖最崇高的事業，並始終對它懷著濃厚的興趣。無論工作的困難有多

麼大，或是要求多麼高，他總能夠一絲不苟、不急不躁的去完成。

已故紐約中央鐵路公司的總裁在一次電視採訪中被問到怎樣才能使事業成功，他回答道：「一個人的經驗越多，對事業就越認真，這是一般人容易忽略的成功祕訣。成功者和失敗者的聰明才智，相差並不大，如果兩者的實力是半斤八兩的話，對工作充滿熱忱的人，一定較容易成功。一個具備堅強實力而且富有熱忱的人和一個雖具實力但缺乏熱忱的人相比，前者成功的機率較後者大得多。」

的確如此，只要心中存有這種熱忱的願望，那麼不管做什麼都會充滿了愉快，充滿了幹勁，總有一天會獲得理想的成就。愛默生曾說過：「有史以來，沒有任何一件偉大的事業不是因為熱忱而成功的。」

對工作熱忱的管理者，永遠都具有無限的力量，在他們的心中，永遠都沒有失敗這個字樣。因為他們總是無時無刻的在付出自己的努力，堅信一分耕耘就會有一分收穫，哪怕是遇到大的挫折，也只把它看作是平坦大道的一段小小的路障。

在平時的工作中，管理者們要想讓自己的員工對自己所做的工作充滿熱情，首先就得自己保持一顆熱忱的心，繼而來感染你的員工。

保持對事業的熱忱，這裡有幾種方法值得來學習一下：

第一，認知到自己所做每一件事情的重要性。否則，你會覺得自己的工作毫無生命力，心中充滿了驕躁、浮誇。

從前，有兩個人一起造房子。有一天，一位路人問他們正在做什麼，其中一個說：「我正在砌磚。」而另一個卻回答：「我在造世界上最完美、最漂亮的建築藝術品。」同樣一份工作在不同的人眼中具有不同的特徵。因此，他們在執行時的態度也完全不同，一個是積極的、主動的；而另一個則是消極的、被動的。由此的結果也就不同。其根本的原因是，兩個人對工作熱情

程度的差異太大。我們對一件事物的本質了解得越多，對它產生的熱忱也就越強烈，我們會全副身心的投入其中，沉醉於它的某種美的特性，從而在精神上開始真正的關注它。

第二，自信的面對人生。每個管理者在處理工作時，都有可能會遇到各式各樣的困難，要暗暗的給自己鼓勵，說：「我一定會成功的。」然後再精神百倍的投入到攻克難關中去。因為有了信心才能夠產生進取的動力。

假如相信自己正在做著的事情是正確的，就千萬別讓任何事情阻止它。世上許多做得極好的工作，都是在似乎不可能的情況下完成的。因此，關鍵是把工作完成。如果你擔心的是他人對你的評論，那你還不如去花時間設法完成讓他們所欽佩的事情。

一位《紐約時報》特約撰稿人 20 歲出頭就開始當推銷員，每天走訪許多戶人家。在敲門之前，他總是一遍又一遍的對自己說：「你一定會說動他的。」

而一位魔術大師則在他的化妝室裡跳上跳下，一次又一次的大聲喊道：「我愛我的觀眾。」這樣的叫喊總使得他渾身的血液沸騰起來，然後就信心百倍的走上舞臺，為觀眾們做充滿活力和朝氣的神奇表演。

第三，循序漸進的完成自己的既定目標。富蘭克林說過：「如果一個人要想成功的話，就必須充分認知自己所從事工作的特殊性，並且有條不紊的做著。」

達成任何目標不是簡單的一步登天，其中有一個循序漸進的過程，是一個不斷碰壁又不斷摸索、不斷用自己的智慧碰撞生命之花的曲折的過程。儘管目標的完成可能需要很長的時間，甚至是一生也不一定能達到，但在個人前進的道路上只要存在著目標就能始終存在著希望。一個人要立志成功，首先得選定他終生為之奮鬥的行業。行業選擇不是以金錢來衡量的，而是源於自身對社會的奉獻，一個人必須把這一生限定在這個固定的方向，為此不斷的進行奮鬥。

　　一位英國詩人則是一個典型的反面例子。他自己毫無主見，做學問採取「四處出擊」的方法，每一處都淺嘗輒止，結果在他死後，留下了四萬多篇關於哲學和神學的論文，但遺憾的是，沒有一篇是徹底完成的。

　　第四，以他人為工作的中心。如果你的快樂是建立在他人快樂的基礎上，你思考問題的立足點就是「服務別人」，如果盡善盡美的使他人感到滿意，自己就會有一種工作的滿足感，覺得自己的工作是一項偉大的職業。一個以自我為中心的管理者，必定是眼睛總盯著效益的人。對這樣的管理者來說，工作是一種負擔而非一種責任，更不用說是一種享受了。這種人的生活中肯定見不到陽光，到處都充滿著焦躁、厭倦、懶散，成功只是他做夢時的一種專利。

　　第五，強迫自己廣交朋友。友人對於我們就像讀書一樣。真正的好友總是不忍坐視我們的頹唐、消沉，而是經常的鼓勵我們，使我們增添信心和勇氣。朋友是會將我們從歧途上接回正道的人。愛默生說：「我最需要的是有個人來促使我做我能做的事，開啟我的心靈。」我們要生活在充滿活力且時刻保持清醒頭腦的朋友的影響之中。在彼此的接觸中，因為大家有共同信念而擦出火花，進而引發理想、充斥熱忱。

　　但要注意的是，我們要避免和那些整天都處於苦悶心態的人交往。因為他們沒有快樂，更不可能具備熱忱。他們只是無聊的把自己的腳步、心思和精力都虛耗在那天天一成不變的例行公事上。

　　真正的熱忱是發自內心的，發掘熱忱就好像是從井中汲水一樣，你必須操作抽水機才能使水流出來。你可以對於所知道或所做的任何事情都付出熱忱，它是積極心態的象徵，會自然的從思想、感情和情緒中生發出來。

　　如果每個人在做每一件事時都帶著熱情，人生將會變得多姿多彩。所以各位管理者，從現在開始就對自己的工作充滿熱忱吧，並且盡可能的強迫自己去熱心工作吧。儘管可能你不喜歡，但你就當作已經有了快樂的情緒那樣

工作著，因為假裝的快樂情緒，必定會使你真的擁有它，隨心所欲的享受它。如果你想要痛苦，就會痛苦的工作；如果你要快樂，就能快樂的工作。這樣，如果你渴望擁有熱忱，你也就會充滿熱忱的工作。

三、用寬容的心善待自己

　　寬容是一種修養，是一種品格，更是一種美德。寬容不是膽小無能，而是一種海納百川的大度。作為一個統帥全域的管理者，就要寬容，而且必須學會寬容。

　　學會寬容別人，就是學會善待自己。一個管理者要應付的社會關係比普通人複雜得多，處理的事情也繁瑣得多，因此，作為一個成功管理者更應該學會寬容，不管是在處理家庭關係中，還是其他社會關係中。對他人，要理解尊重，真誠相待，寬容大度，將心比心。一個寬容的管理者會擁有很多的朋友，擁有很多忠心的員工，擁有很多的客戶，而這些人就是他財富的一部分。可以說理解和寬容，是管理者處理好人際關係的法寶。

　　廉頗是戰國時期趙國有名的將領，因為他保家衛國，戰功赫赫，被趙王封為上卿。而藺相如則因為「完璧歸趙」有功，被封為上大夫。不久後，他又在澠池之會的時候，維護了趙王的尊嚴，因此也被提升為上卿，且位在廉頗之上。廉頗覺得藺相如只是靠耍嘴皮子功夫就爬到自己的上面去了，因此很是不服，揚言說：「我要是見了他，一定要羞辱他一番。」藺相如知道後，就有意不與廉頗會面。別人因此就以為藺相如害怕廉頗，廉頗為此很得意。可是藺相如卻說：「我哪裡會怕廉將軍？不過，現在秦國倒是有點怕我們趙國，這主要是因為有廉將軍和我兩個人在。如果我跟他互相攻擊，那只能對秦國有益。我之所以避開廉將軍，是以國事為重，把私人的恩怨丟一邊了！」這話後來傳到了廉頗耳朵裡，廉頗深感慚愧，便光著上身，背負荊杖，來到

藺相如家請罪。他羞愧的對藺相如說：「我真是一個糊塗人，想不到你能這樣的寬宏大量！」從此兩人成為肝膽相照的朋友，聯手為趙國奉命效勞。

對於管理者而言「將相和」的故事是值得借鑑的，一個大權在握的管理者要是學會了寬容，於人於己都是有益處的。

反觀歷史上那些善於妒忌，心胸狹窄的人，遇到一點不滿便怨天尤人，這些人縱然學問再好，也難成大器。

三國時期，周瑜是個卓越的軍事家。他才能出眾，足智多謀，把龐大的東吳水師管理得井井有條。可是，當他得知了諸葛亮的神機妙算後，雖自知不如，但卻不甘落敗，於是整天心中盤算著如何打贏諸葛亮，最終發出了「既生瑜，何生亮」的淒嘆後，落得個吐血身亡的結局！倘若周瑜能像藺相如那樣寬容大量，他的結局肯定不會是這樣！

寬容具有豐富的內涵，寬容是一種非凡的氣度，代表了心靈的充盈和思想的成熟。做人如果能夠寬容一點，那麼我們和身邊人的關係也會更加和諧美好，這在無形當中就增加個人的魅力！

在生沽中，難免會與你的客戶，你的朋友發生摩擦，當你的員工不小心踩到你，你應該擺擺手，說聲沒關係；當你的員工弄壞了你的東西，向你道歉時，你也應該寬容的付之一笑。人生如此短暫匆忙，所以更沒有必要把每天的時間都浪費在這些無謂的小摩擦之中，如果你是個事事斤斤計較的管理者，那也只能是個小鼻子小眼睛，沒有大作為的小老闆。天地如此寬廣，比天地更寬廣的應該是人的心！

當一隻腳踏在紫羅蘭的花瓣上時，他卻將香味留在了那隻腳上，這就是寬容。真正的寬容是真誠的，自然的，沒有絲毫強迫的意味，因此，沒有人比寬容的人更強大更自豪。俗話說「吃虧是福」，其實這裡面蘊涵的真正的內涵是寬容，用博大的態度對待他人，就等於為自己送上一份價值不菲的禮物。生活裡多一點寬容，生命就會多一份空間和愛心，生活也就會多一份溫暖和陽光。

在美國，有一個精神病人貿然闖進了一位素不相識的醫生家裡，射殺了他三個花樣年華的女兒，然而這位醫生卻沒有選擇仇恨或者是報復，而是為那位精神病人治好了病。這就是寬容。只有做到了寬容別人，才能真正的釋放自己，還心靈一份純淨。如果這位醫生選擇了計較，那麼他將在黑暗中度過餘生；所幸的是他選擇了寬容，他將陽光灑向了自己，也照亮、溫暖了別人。

寬容乃快樂之本。古語說：「知錯就改，善莫大焉。」面對一個人在無意中犯下的錯誤，我們為何不能寬容一下呢？當我們的心靈為自己選擇了寬容的時候，我們便獲得了應有的自由，因為我們已經放下包袱，無論面對朋友還是仇人，我們都應贈予甜美的微笑。

寬容是一個人氣度、修養的表現。君子量大，小人氣大。現在有一些人，凡事從自身出發，見名就爭，見利就搶，一不如願，就感嘆他人不關心，他人不理解，怨天尤人，愁雲滿面，牢騷滿腹。不懂包容，沒有對名利拿得起、放得下的豁達，沒有對瑣事的超然，斤斤計較，是修身養性功力不夠的表現。做個成功管理者就要做一個君子，做一個有氣度，有修養的君子。

人是需要有些肚量的。如果你把一撮鹽放在一杯水裡，那杯水會變得很鹹；如果你把一撮鹽撒進海裡，海水卻不會有什麼改變。做人應該有海一樣的胸懷。容一分為福，讓一步為高。有了對世事的洞明，就有了超然物外的大氣，就有了包容社會、包容人生的胸懷。放下，放下，再放下，把所有雜念俗事置之度外，「大肚能容，容天下難容之事；開口便笑，笑世間可笑之人。」寬容是一種生活藝術。懂得寬容，才能進入瀟灑飄逸的人生境界，體驗人生之美。

只有對朋友無意的誤解泰然處之，友誼之樹才會常青；只有不去計較同事的中傷，彼此之間才會更團結；只有寬容老闆暫時的失察，工作才會更順

利，更協調的進行；只有寬容員工無心的冒犯，才會讓他們更自覺。當你可以以豁達光明的心地去寬容別人的錯誤時，能真心以對的朋友自然也就多了。

所以說讓我們多一份寬容，讓生活更輕鬆愉快，讓我們擁有的不只是單純的合作夥伴、員工，而是更多衷心以對的朋友。

四、用柔韌的心接受失敗

巴爾札克（Honoré de Balzac）說：「挫折就像一塊石頭，讓你卻步不前，你軟它就硬，對於強者卻是墊腳石，使你站得更高。」牛頓也說：「如果你問一個善於溜冰的人是如何學得成功的，他會告訴你，跌倒了，爬起來！」

「跌倒」對每個人來說都是一種痛苦的經歷，因為會讓人感到難堪和身體疼痛，人們也都習慣把它和失敗關聯在一起，所以，沒有人喜歡跌倒。然而成功的道路總是坎坷崎嶇的，誰也避免不了會一次又一次的跌倒，就像咿咿呀呀的孩子初學走路總是不停摔倒一樣。可是，生活中卻有很多人像摔倒後哭泣的小孩，不願自己站起來，而沒有勇氣站起來的人是不可能有所成就的。只有那些堅強的人才明白站起來永遠要比倒下去多一次。

遭到挫敗的時候，千萬不要放棄自己，而是要努力找尋最適合自己的成功之道，並且堅持下去，就能突破一切困境與失意。若是放棄自己、否定自己，那麼就將永遠無法找到屬於自己的天空。有人稍微遭受一點失敗和挫折，就認為自己是世界上最倒楣的人。於是，開始自憐自嘆，自暴自棄，最後徹底喪失了鬥志。

沒有人願意失敗，但沒有失敗的成功者還沒有出現過。我們通常認為失敗是非常消極和可怕的。一談到失敗，內心湧現的都是恐懼和悲哀，長久以來，失敗一直困擾著人們的心靈，成為受詛咒的、唯恐避之不及的毀滅力量而被放在與成功相對立的一面，其實，這是一個誤會。失敗是正常的，有一

些所謂的失敗，只是暫時的挫折和不成功而已，並非真正意義上的失敗。

世界上有很多事情是不可預料的，成功往往伴隨著失敗，而失敗往往也孕育著成功，失敗是過去的失敗，不是現在的失敗，而現在的失敗也只是現在的失敗，並不是未來的再次失敗。哲人說，要習慣於為成功打句號，為失敗打問號。也就是說，成功孕育在失敗之中。

有人說，挫折是一種啞語，也是宇宙通用語，它是人們與大自然溝通的唯一通用語言。人類進行的每一項發明和創造活動，都不是一蹴而就的，都是透過挫折，然後才達成的。愛迪生發明電燈泡，經歷了一萬四千次的試驗失敗。在他看來，那不叫失敗，只是發現了一萬四千種行不通的方法。挫折本身不是失敗，我們應該把它看作是暫時的不成功，只有在我們把它當作是一個大自然老師的教誨，那麼，它將成為一種祝福。

如何接受失敗呢？我們要像水一樣有柔韌性。人生如水，水有逆流，也有順流，就像人生有痛苦也有歡樂。

健身教練的「非人柔韌性」，常常令人們驚嘆。他們輕鬆一掰，腳就可以從身前放置到腦後，而那邊苦苦效仿的學員卻滿臉緊張與無奈，美麗的腳只在視線可及之處，卻無法逾越腦袋。這就是柔韌的魅力所在，永遠挑戰無極限的姿勢，卻永遠都可以瀟灑的回復到最初始的狀態。身體的柔韌性並不難練就，只要循序漸進必會有「直腿彎腰手掌亦可觸地」的幸福狀態出現。然而，心理的柔韌性呢？

我們翻開人類歷史上所有偉人的目錄，你會驚奇的發現，這些偉大人物儘管生活的年代不同，國度不同，所做出的貢獻也不同，但有一點是相同的——他們無一例外都是從挫折和失敗中走來，他們成功的背後都刻滿了「失敗」。

請看一位偉人的經歷，看他如何用一顆柔韌的心接受失敗，走向成功的：

21 歲 —— 生意失敗

22 歲 —— 角逐議員落選

24 歲 —— 生意再度失敗

26 歲 —— 伴侶去世

27 歲 —— 精神一度崩潰

34 歲 —— 角逐聯邦眾議員落選

36 歲 —— 角逐聯邦眾議員再度落選

47 歲 —— 提名副總統落選

49 歲 —— 角逐聯邦眾議員三度落選

這個飽經「挫折」的失敗者的名字叫亞伯拉罕・林肯。52 歲時，他成功當選為美國第十六任總統。

再看看國父孫中山先生的革命生涯，也許你對成功與失敗的理解會更加深刻。

西元 1866 年 11 月 12 日孫中山出生於現廣東省中山市翠亨村。西元 1877 年，因冒犯神明，震怒鄉里，其父被迫將他送往香港。西元 1892 年，他在香港西醫學院「以學堂為鼓吹之地，藉醫術為入世之媒」進行革命傾朝政，被同儕譏為「狂想家」，清廷列其為「四大寇」之一。西元 1894 年，發動第一次革命失敗，舉國輿論莫不視其為亂臣賊子，詛咒之聲不絕於耳。從西元 1893 年至 1911 年 3 月 29 日，共起義 9 次，皆以失敗告終，直到辛亥革命才最終推翻了清政府。

有位哲學家曾經說過：「許多人之所以偉大，來自於他們所經歷的大困難。」精良的斧頭，其鋒利的斧刃是從爐火的鍛鍊與磨礪中得來的。可以說困難不是我們的敵人，而是我們的恩人，因為困難可以鍛鍊我們克服困難的種種能力。就像森林中的大樹，經歷了無數狂風暴雨的洗禮，才能長成參天大樹一樣，人生如果不遭受種種阻礙，他的品格、本領也不會長得結實。所

以一切挫折、憂苦與悲哀，都是足以助我們成長的恩師。

　　有句諺語叫：困難，就像彈簧，你弱他就強。這句話最終要說的是，在困難面前，人所表現出來的態度，將決定你是否最終能夠戰勝困難。就像在經濟危機面前，有的企業表現出了自己的從容不迫、樂觀自信的精神，那麼這企業將會呈現出強大的抗壓能力，最終會順利的走出困境；相反，有些企業會在困境中越走越難，最終湮沒在危機之中。

　　擁有一顆柔韌的心，才能成為一個強大的人。因為他們清楚知道自己存在的價值就是承受壓力，把壓力當成前進的強大動力，時刻在苦難和挫折面前，磨練自己的抗壓能力，在企業需要的時候，挺身而出，承挑重擔，彈力十足。「心理像彈簧，柔韌不變樣。失敗不脆弱，遇險更剛強」，這就是成功之人的內心寫照。

　　一個人的能力確實是有一定限度的，一個人的一生中總有一些難以跨過的坎坷和難以克服的困難。我們都希望企業的管理者們像山一樣的偉岸和剛毅，但更希望他們像水一樣有柔韌性。人生如水，水有逆流，也有順流，就像人生有痛苦也有歡樂。讓管理者們在遇到困難時候可以活得像水那麼自由，那麼輕靈，那麼柔韌。水遇到它難以越過的阻礙時，它會彎一彎，轉一轉，這才有千折百迴的風韻和柳暗花明的境地。遇到困難時，保持堅強當中不失柔韌，學會溪水在不斷的彎一彎和轉一轉中積蓄著能量；學會溪水隨遇而安和遊刃有餘的處事原則和方法。這樣才會有飛流直下的壯闊和一瀉千里的磅礴。

五、用悠閒的心享受生活

　　這個時代就像一個上緊發條就難以停頓下來的陀螺，一切都在飛速旋轉。不斷提速的火車和飛機以及時速可達 400 多公里的磁懸浮列車，反覆驗證著發展的高速度。快、快、快，似乎成了我們的共識。

　　快，固然好，但是如果快到失去了控制，這種快就會讓我們付出代價。高速，某種程度上就是高昂代價的代名詞。如果我們違背了自然發展規律，不顧生態和諧，片面的強調快速發展，我們就會遭到自然的報復。高速公路必然要占用大片良田，高速飛機必然要消耗大量燃油，想快速致富，多數情況下要以犧牲環境為代價。由此導致的不斷變暖的氣候、不斷上升的海平面、反覆無常的洪澇災害等，已經對我們敲響了警鐘。要吃速食就極易造成營養不良；該三天做完的工作，非要兩天完成，日積月累容易導致人際關係的緊張和情緒的錯亂。

　　現在有很多企業管理者就是在這種快的節奏生活中蹉跎，他們甚至忘記了自己奮鬥的初衷只是為了好好的享受生活。這些管理者只知道工作，他們的生命的每一個括弧都被工作填充，他們也想過享受幸福，卻一而再的被延遲，這些人很容易得幸福延期症。

　　一位美國小說家說：「我終於發現活著的唯一原因就是享受生活。」

　　人生最可憐的一件事就是，我們所有的人，都拖延著不去生活，我們都夢想著天邊的一座奇妙的玫瑰園，而不去欣賞今天就盛開在我們窗口的玫瑰。

　　偉大的作家托爾斯泰曾經為我們講述了這樣一個故事：從前，有一個人想要得到一塊土地，地主就對他說：「清早，你從這裡往外跑，跑一段就插個旗杆，只要你在太陽落山前趕回來，插上旗杆的地都歸你。」於是，那人就不要命的跑，太陽偏西了還不知足。太陽落山前，他是跑回來了，但已精疲力竭，摔個跟頭後就再沒起來。

在他的葬禮上，牧師為他祈禱時說：「其實他真正需要的不就是埋葬他的那一小片地嗎？這就足夠了。」

生活中，人人都有欲望，都想過美滿幸福的生活，但是，如果把這種欲望變成無止境的貪婪，那我們就無形中成了欲望的奴隸了。只能硬著頭皮往前衝，在無奈中透支著體力、精力與生命。

靜下心想想：有什麼東西值得我們用寶貴的生命去換取？其實，我們辛辛苦苦的奔波勞碌，最終不都是只能擁有埋葬我們身體的那點土地嗎？再者，有時不停的奔跑並不一定是一種優點。生活中，我們為了實現自己的價值，努力的拚搏，使自己成為了一個純粹的「工作狂」，這些都嚴重的損毀我們的健康。

也許，放慢腳步對一向奔波勞碌的人們來說有點難上加難，但靜下心來想想：每分每秒的忙碌，除了身心越來越疲憊，臉上的皺紋增加外。又得到了什麼？

在這裡，我們並非承認懶惰也有價值，而是認為，要讓人們生活在一個相對祥和的環境裡，還給生活原態，找到一種平衡。強調慢下來，並不是一天可做完的事，非得拖個兩三天才做完。我想說的是，要為生活、工作和學習制定一個合適的尺度。生活和休閒同樣美麗，但兩者都應是適度的。

悠閒，是一種心態，在務實求進中保持悠然坦蕩，無拘無束，如同天馬行空的心態。悠閒的生活是一種平民化的生活。當那一天，那一時，那一刻，你若從內心發自這樣的感慨：啊，這種感覺真好！我敢斷定你這個時候一定很悠閒 —— 因為你整個身心都得到放鬆。悠閒不等於休閒。悠閒是閒適自得，是一種態度，是生動的；休閒是閒著沒事可想可做，像桌上一個小杯子一樣擱置著，是靜止的。孤獨者擁有的是時間，卻未必感覺悠閒；肩負重任者，雖日理萬機，若能處事泰然，卻未必感覺不悠閒。製造悠閒，不需要

金錢，也不需要榮譽地位，但需要付出必要的時間和必要的努力。

享受生活的一個重要條件就是，適時放慢生活的腳步。放慢生活的腳步，就是輕鬆的放飛自己的心靈。那樣，你就會發現：其實，身邊的東西都是最好的風景。

一個富翁的富，並不表現在他堆滿貨物的倉庫以及一本萬利的經營上，而是表現在他是否能夠擁有足夠的空間來布置庭院和花園，或者能夠為自己留下大量時間用於休閒。同樣，心靈裡擁有開闊的空間也是非常重要的，如此，才會有思想的自由。忙人有其不幸的一面，如果說窮人和悲慘的人，是受了貧窮和苦難的逼迫，那麼忙人則是受了名利和責任的逼迫。

無論你多麼熱愛自己的事業，也無論你的事業是什麼，你都要為自己保留一個開闊的心靈空間，一種內在的從容和悠閒。唯有在這個心靈空間中，你才能把事業作為你的生命果實來品嘗。如果沒有這個空間，你將永遠在忙碌，你的心靈將永遠被與事業相關的各種事務所充塞，那麼，不管你在事業上獲得怎樣的成功，你都只是損耗了你的生命，而沒有品嘗到它的果實。

悠閒，意味著不僅有充裕的時間，而且有充沛的精力。同時，要真正領略到悠閒的滋味，必須從事優雅得體的活動，因為悠閒是一種發自內心的自然衝動，而非出自勉強的需求。它像舞蹈家起舞，或者滑冰者滑動，是為了合乎內在的節奏；而不像農人耕地或聽差跑腿，只為了得到報償。正是這個緣故，一切悠閒，皆是藝術。

悠閒，是人類高層次的時間體驗和生命享受。我們羨慕陶淵明有南山，梭羅有瓦爾登湖。其實，感受景色之秀麗，主要取決於人的心態境界。那《紅樓夢》中的大觀園內雖然亭臺軒榭假山池沼，處處都是芳草鮮美落英繽紛，可是，在林黛玉的眼裡卻只是一座愁城！倘若沒有自由悠閒的心境，即便身處秀美之地，也無法享受悠閒之樂。

悠閒的生活其實很簡單。一張桌、一杯茶、一枝筆的生活，可以說是一種悠閒的生活。這種生活讓你擁有時間讀一本書，寫一篇文章，想一個問題，做一件事情。當你從中獲得快樂和寫意的享受的時候，你一定會覺得自己如同擁有一片蔚藍的天空，擁有一片綠色的花園一樣。

悠閒，是一種心境。無知無覺，不是真正的悠閒。人有時非常矛盾，一個人本來活得好好的，各方面的環境都不錯，然而當事者卻可能心存厭倦。對人類這種因生命的平淡，以及缺少熱情而苦惱的心態，有時是不能用不知足來解釋的。

孔子云：「智者樂水，仁者樂山；智者動，仁者靜；智者樂，仁者壽。」生存在同一方藍天下，生活的差距不在所處的環境，而在於心態。調整好心態，懂得享受悠閒，那麼，就能把自己生命過程的細節設計得嫻雅脫俗，就能生活得更好。

悠閒生活，說到底，就是享受生命本身。

六、用變通的心打破困境

在生活中有很多管理者在身陷困境的時候，往往不知道變通，反而很偏執，走極端，死不回頭，還自以為是，分明是自己做錯了，卻總覺得是別人不對。當自己不能和別人獲得一致意見時，從來不反思自己的對錯，而總是去探究別人做錯了什麼。他們往往沉浸在一個固定的變態思維裡，死不回頭。

可以說不知變通，一味的偏執是一種盲目性的執著，知其不可為而為之，是一種內心的瘋狂狀態；知其要可為而努力為之，朝著自己的目標和人生理想而前進則是對信念的堅持。偏執的極致是瘋狂，執著的極致是堅定。欣賞執著，但要避免偏執。

一場突如其來的大暴雨，已經慢慢開始淹沒一個小村莊。一位神父正在教堂裡祈禱，洪水都快淹到他跪著的膝蓋了。一個救生員駕著舢板來到教堂，對神父說：「神父，趕快上來吧！不然洪水會把你淹死的！」神父淡定的說：「不！我深信上帝會來救我的，你先去救別人好了。」

救生員只好走了，雨下得越來越大，沒多久，洪水都已經淹過神父的胸口了，神父起身站在祭壇上接著祈禱。這時，有一個警察開著快艇過來，跟神父說：「神父，快上來，不然你真的會被淹死的！」神父說：「不，我要守住我的教堂，我相信上帝一定會來救我的，你還是先去救別人好了。」

雖然警察一再的勸說他，可神父仍然態度堅定，警察只好走開了。洪水越來越猛，整個教堂都已被淹沒了，神父爬上教堂頂端的十字架並緊緊拽住。這時，一架直升機緩緩的飛過來，飛行員丟下了繩梯之後大叫：「神父，快上來，這是最後的機會了。我們可不願意見到你被洪水淹死！」神父還是堅決的說：「不，我要守住我的教堂！上帝一定會來救我的。你還是先去救別人好了。上帝會與我同在的！」

勸說無效，飛行員也只好去救別人了。不久，洪水滾滾而來，神父終於被淹死了……神父上了天堂，見到上帝後很生氣的質問：「主啊，我終生奉獻自己，兢兢業業的侍奉你，為什麼你不肯救我？」上帝說：「我怎麼不肯救你？第一次，我派了舢板來救你，你不要，我以為你擔心舢板危險；第二次，我又派一艘快艇去救你，你還是不要；第三次，我以國賓的禮儀待你，再派一架直升機來救你，結果你還是不願意接受。所以，我以為你急著想要回到我的身邊來，可以好好陪我。」

看起來，這個神父好像是在堅持一種什麼理念，但其實就是偏執。偏執是一種執著狀態，但它又不同於執著。因為偏執是一種帶有盲目性的執著，它無視事物的整體，只執著於某個局部，一意孤行，沿著錯誤的方向不撞高

牆不回頭。而執著則是對某一目標鍥而不捨的追求，秉承執著理性的精神，向著正確的方向奮勇前進，不達到目標絕不鬆懈。

人在困境中只有改變才能獲得進步，才能生活得更好，偏執是人生的峭壁，如果在峭壁上行走很容易發生可怕的事故，遠離這道人生的峭壁，以通達的心理去接受新的事物學會新的思維方法，這對於我們告別偏執的心理有著十分積極的意義。

達爾文說：「自然界裡最後能生存下來的物種，並不是那些最強壯的物種，也不是那些最聰明的物種，而是那些最能適應環境變化的物種。」

曾經有人做過一個十分有趣的實驗，就是把一個空玻璃瓶平放在桌子上，然後在裡面放幾隻蜜蜂和蒼蠅，使瓶底對著光亮處，瓶口對著暗處。結果，有目標的朝著光亮拚命撲去的蜜蜂最終衰竭而死，而無目的的亂竄的蒼蠅，竟都溜出細口瓶頸得以逃生。是什麼葬送了蜜蜂？是牠對既定方向的執著，還是牠對趨光習性這一規則的遵循？

這一實驗告訴我們固執和執著在這個世界中的變數。在充滿不確定性的環境中，有時我們需要的不是朝著既定方向的執著努力，而是在時刻變化的過程中尋求生路；不是對規則的遵循，而是對規則的突破。我們不能否認執著對人生精神的推動作用，但也應看到，在一個經常變化的世界裡，靈活機變的行動要比有序的衰亡好得多。

人的一生少不了一種叫作執著的精神，或者說是一種信念，但是現實生活和世界的紛繁複雜和多變讓我們意識到：其實機智靈活的變通往往比執著更能獲得「完美」。那麼我們再想想，什麼是變通？變通是怎麼來的？

變通最初是從《易經》衍生而來。「易」，變易也，隨時變易以從道也。《易經》曰：「窮則變，變則通，通則久。」周易、八卦都是變通的理論，這個大家應該都明白。而在現代，變通還可以理解為創新、開放思想。

　　有的人追求飛蛾撲火的壯烈，以為那是一種執著的美；有的人羨慕孫悟空的「七十二變」，不願意每分鐘都固定不動。撲火的一瞬間，飛蛾毅然決然，但終究還是化為灰燼；「七十二變」確實很厲害，但是怎麼也敵不過穩如泰山的如來佛。

　　其實生活中我們會遇到很多難題，光是堅持執著不見得能獲得成功，只有在堅持執著卻又無法突破困境時，靈活的變通一下才是最好的解決之道。這樣說似乎是有些矛盾，執著指面對一個方向堅持走下去，而變通指靈活應變，隨時改變方向。這兩個詞似乎是反義詞。但是，矛盾總是統一的，並可以在一定條件下相互轉化。每當我們面臨困難時，我們要選定一個方向，執著的向下走去搜尋解決方法；如果絲毫也不見效果，那麼我們的方向可能錯了，就要動一動腦筋變通一下，重新確定一個方向再堅持不懈，直到解決困難為止。

　　現代社會是個瞬息萬變的世界，你永遠不知道下一分鐘會發生什麼事，所以作為企業管理者就必須具有臨危不懼的頭腦和以靜制動的思想，不能隨波逐流，飄搖不定。不過，我們也必須具備靈活作戰的方式和隨機應變的能力，只有這樣才能不被淘汰。

　　有的時候人會有無謂的堅持，也可以稱之為頑固或是任性。但是飛蛾撲火，九死一生，在光與熱將對生命頂禮膜拜的靈魂吞噬之後，留給我們的除了可敬還有什麼；蜂死瓶底，氣竭力盡，在冷笑的透明魔鬼將「執著」的信仰捏個粉碎之後，留給我們的，除了感喟，還有什麼？執著是一把利劍，舉起它需要的是勇氣，握住不放更是可敬的堅持，但在你用它刺向命運的喉嚨時，最重要的是確認一下是否自己將劍刃握在手中。因為衝動和熱血會令你喪失理智與知覺，讓你的手感覺不到疼痛，你以為劍柄將刺入目標時，劍刃卻離自己的心臟也越近了！

適時的變通往往需要一種靈活而又迅速的轉變，來自對規則束縛的掙脫，否則我們若一味的鑽入「執著」的圈套，結果陷入其中不能自拔，最終會被笑稱為「鑽牛角尖的英雄人物」，所以，這就要求我們要真正的開闊思維，尋找多種管道來解決問題，或許你會從中得到不用勞神費力、盲目執著蠻幹的意外收穫。

譬如說「愚公移山」的故事吧！人們往往會稱讚愚公的堅持不懈、執著和不屈的精神，這種精神固然是可貴的，是戰勝困難所必備的，但如果我們突破思維規則的束縛，再來談論一下愚公的舉動呢？或許你這才意識到，其實愚公的做法也是一種很「傻」的辦法，出動全家大小、男女老幼進行移山，那經濟來源何以取之呢？與其用微乎其微的力量來「搬」山，倒不如開闢一條通道來，在山上建一些「風景」，豈不更好？所以當執著真正的植入人的思想生活和社會時，就需要我們用思維和理智另闢一條新路來。

變通，說明思路決定出路。一個好思路造就一個好出路，改變一個想法，往往就能夠創造一份成功的事業；變通，就是找對方法做對事。尋找巧妙方法將困難化解於無形，是每一個善於變通者的通用法則；變通，就是創造並完成任務。打破傳統才能有所突破，「循規蹈矩」、「甘於平庸」的做法已經為變通者所摒棄。

一天，一家貯藏水果的冷凍廠突然發生火災，大家齊力滅完火後，發現有 30 箱香蕉被火烤得有點發黃，皮上還沾滿了小黑點。

對於這種有問題的香蕉當然不能再繼續貯藏了，於是，老闆讓一名員工把這些香蕉帶到外面去降價出售。這名員工便在城市最繁華的街道上擺了個水果攤，招呼來來往往的行人，希望能夠把這些被烤過的香蕉迅速賣掉。可讓人頭疼的是，無論他怎樣解釋，都沒人理會這些「醜陋的傢伙」。無奈之下，這名員工仔細的檢查這些變色的香蕉，發現它們不但一點沒有變質，而且由於經過了煙燻火烤，吃起來反而別有風味。

這時，一個絕妙的主意在他的腦袋中誕生了。第二天，這名員工另換了一個地方，大聲叫賣起來：「最新進口的阿根廷香蕉，南美風味，全城獨此一家，大家快來買呀！」當攤前圍攏的一大堆人都舉棋不定時，他注意到一位年輕的小姐有點心動了。他立刻殷勤的將一根剝了皮的香蕉送到她手上說：「小姐，請妳嘗嘗，我敢保證，妳從來沒有嘗過這樣美味的香蕉。」年輕的小姐一嘗，香蕉的風味果然獨特，價錢也不貴，而且這名員工還一邊賣一邊不停的說：「只有這幾箱了，要買要快了啊。」

於是，人們都紛紛掏錢來購買，沒多久，30 箱香蕉就銷售一空了。

當你樹立了一個明確的目標之後，就要制訂一個相應的計畫，但這還遠遠不夠，常言說得好，「計畫趕不上變化」。因為任何事情都是處於變化之中的，往往一件事的發展總是會在你的意料之外。你原有的計畫將不再適合於已經變化了的局面，你必須對此做出改變。而一個思想僵化，保守的人顯然是難以應付的。只有那些最為樂觀和最富創造性的人才能夠思路開闊的、靈活機動的對待不可避免，持續發展的變化，而這些變化恰恰是實現目標所必需的。在全球化的浪潮中，靈活變通是必須的，需活多變能把你引向成功的坦途，同時它也將成為你棋高一著的標誌。

鋼鐵大王卡內基，年少的時候曾在賓州鐵路公司做電報員，史考特先生（後來的賓州鐵路公司總經理）是他的上司。

雖然是個小小電報員，但卡內基工作起來很認真。一次十分偶然的機會，卡內基處理了一件意外事件，使他得到升遷。當時的鐵路是單線的，管理系統尚處於初期階段，用電報發指令只是一種應急手段，有很大的風險，只有主管才有權力用電報發指令給列車。史考特先生經常得在晚上去故障或事故現場，指揮疏通鐵路線，因此許多時候他都無法按時來辦公室。一天上午，卡內基到辦公室後，得知東部發生了一起嚴重事故，耽誤了向西開的客車，而向東的客車則是信號員一段一段的引領前進，兩個方向的貨車

都停了。到處都找不到史考特先生，卡內基終於忍不住了，發出了「行車指令」。他知道，一旦他指令錯誤，就意味著解僱和恥辱，也許還有刑事處罰。卡內基在自傳中寫道：「然而我能讓一切都運轉起來，我知道我行。平時我在記錄史考特先生的命令時，不都做過嗎？我知道要做什麼，我開始做了。我用他的名義發出指令，將每一列車都發了出去，特別小心，坐在機器旁關注每一個信號，把列車從一個站調到另一個站。」當史考特先生到達辦公室時，一切都已順利運轉了。他已經聽說列車延誤了，第一句話就是：「事情怎樣了？」當史考特先生詳細檢查了情況後，從那天起，史考特先生就很少親自發指令給列車了。不久公司總裁來視察，見到卡內基便叫出他的名字，原來總裁已經聽說了他那次指揮列車的冒險事蹟。

很顯然，在列車停滯的情況下，按規定卡內基是無權調度的。但他的責任感、信心與技能，使他選擇了變通規則的做法。他知道出錯的後果將非常可怕，但他仍然盡力完善的解決了問題，並得到上司的默許，更得到上司的賞識。

生命的長途中有平坦的大道也有崎嶇的小路；有春光明媚萬紫千紅，也有寒風凜凜萬木枯萎。在生命的寒冬裡我們需要執著，然而當面前就是萬丈深淵之時，若還固執前行就意味著死亡。變通就是用一指間的距離卻讓你獲得生命。

有一個人從自己父親那裡繼承了一大片的林場，當他每天駕車穿梭於這些能為他帶來大筆財富的森林中時，總是感到萬分欣喜。然而，一場意外的大火無情的把一棵棵百年樹木變成了焦木，他失魂落魄的走在街上，發現許多人排隊購買木炭取暖。於是，他靈機一動，把焦木加工成木炭銷售，結果獲得了大筆財產。

聰明的農場主在苦心經營的林場成為焦木時，沒有盲目的執著於種樹以恢復林場，而是利用焦木獲得大量財富。這一指間的變通讓他重獲財富。

變通不僅是對現狀的換個角度思考，也是對規則的審視和懷疑。

有一位剛剛畢業的大學生，在一家公司上班後發現有一間辦公室從未有人進入過，別人提醒他說，這是規定。年輕人終於在一天推開了門，卻發現桌子上有一張紙牌寫著：「經理位置屬於你。」年輕人拿著紙牌找到了公司總裁，受到了熱情的讚揚並獲得了經理的職務。

變通需要有對原有規則的懷疑，需要有勇於探索的精神。年輕人正是憑著其懷疑的態度獲得了許多人夢想和追求的職務。

變通能夠使員工開拓思維，活躍頭腦，增長見識，從而備受管理者的青睞與重用，乃至加薪晉級是為員工之贏。

變通能夠用最巧妙的方法解決工作中的困難，使問題消弭於無形，使工作的效率倍增，是為工作之贏。

變通能夠積極的應對企業面臨的危機與困境，用更優質的服務贏得更多客戶的鍾愛，為企業帶來不可估量的經濟效益，是為企業之贏。

可以說，變通是實現多贏藝術。當遇到困難時，作為企業管理者，不要一味的堅持之前的思路，也許變通一下，換個思路便會換來轉機，贏得成功！當我們滯固不前時，我們不妨在思維上另開一扇窗，用變通的心打破困境。

七、用感恩的心感受幸福

在一切情緒中，愛心可謂是最具有威力的。而愛心通常會以各種不同的面貌呈現出來，感恩就是愛心的一種。所以，擁有積極心態的管理者常常會透過他的思想和行動，主動表達出自己的感恩之情，同時也會好好珍惜上天恩賜給他的、人們給予他的以及人生所經歷的一切。

在中國的古代倫理中，也有這樣的說法，孔子就曾說：昔者明王之以孝治天下也，不敢遺小國之臣，而況於公、侯、伯、子、男乎，故得萬國之歡

心。以事其先王。用當今管理學來解釋就是：孔子進一步講述說，昔日的明哲聖王，用孝道治理天下時，會敬愛他人。即使是小國派來的使臣，都不敢失禮，更何況自己的直屬大臣呢？因此諸侯不敢失禮，小國都欣然服從，遠近朝貢。在企業中，如果管理層能真心感謝所有員工，對供應商、對客戶、對消費者、對員工都充滿了敬愛，那一定可以換回大家對公司的尊敬和效忠，公司也可以得到發展。

因此，感恩一定要真誠，一定要懂得感激，而不只是為了某種目的或是為了迎合他人而表現出來的虛情假意。感恩是自然的情感流露，是不求回報的。「謝謝你」這樣的話經常掛在嘴邊，以特別的方式表達你的感謝之意，付出你的時間和心力，為公司更加勤奮的工作，這比物質的禮物更可貴。

有人說：「世界上沒有圓滿的事，只要你常懷一顆感恩的心，你感受的就是圓滿，就是幸福。」是的，幸福的真諦不在於人生的一帆風順，而是常懷一顆感恩的心；快樂的祕訣就在於學會愛，學會愛，你才能感受到愛，學會付出，你才能體會到獲得的喜悅。

擁有一顆感恩的心，能夠有助於人際關係的建立，並能加強溝通、增進感情的累積。不知道感恩的人往往難以贏得別人的尊重、好感和支持。如果認為他人的幫助是理所當然的，不用感恩，那麼在無意間就會為人際交流帶來負面作用。

成功守則中有條黃金定律：待人如待己。也就是要凡事為他人著想，站在他人的立場上思考。「當你是一名員工時，應該多考慮老闆的難處，給老闆一些同情和理解；當自己成為一名老闆時，則需要考慮員工的利益，對他們多一些支持和鼓勵。」

這條黃金定律不僅僅是一種道德法則，它還是一種動力，能推動整個工作環境的改善。當你試著待人如待己，這種善意就會影響你周圍的人，最

終這種善意會回饋到你自己身上。如果今天你從員工那裡得到一份同情和理解，很可能就是以前你在與人相處時，遵守這條黃金定律所產生的連鎖反應。

經營管理絕非一件易事，可能會面臨種種繁瑣的問題。包括來自客戶或公司內部強大的壓力，都會隨時隨地影響著自己的情緒。要想感受幸福，就要知道員工的心理，要好好對待你的員工，對你的員工心懷感恩。同情和寬容是一種美德，懷抱一顆感恩的心更是一種美德，我們每一個人都獲得過別人的幫助和支持，應該時刻感激這些幫助過你的人。

可是，很多的經營管理者在家庭裡，對妻子孩子或雙親的付出往往習以為常，熟視無睹，很少說出自己心中的感謝；在工作中，雖得到了員工的鼎力相助，並且獲得了很大的成功，但卻不懂得對員工表示自己的感謝……

其實，導致這種現象的一個關鍵原因，就是很多管理者的腦子被某種錯誤的意識給占據了。他們把別人的辛苦、幫助和付出視為是理所當然的，認為根本沒有必要表示感謝或肯定。這種心理是極為不對的，一個沒有感恩之心的人，他的內心是不燦爛的，也是無法散發出魅力之光的。

我們每個人都應該時時保持一顆感恩的心。感恩是認定別人幫助的價值，從而達到彼此感情交流的一種有效方式。當別人為你做了某些事情後，你應該表示感謝；當別人給予你關心、安慰、祝賀、指導以及饋贈時，你應該表示感謝；別人為你做事而未成功，但那份情意也值得你感謝。

感恩既是一種良好的心態，又是一種奉獻精神。如果你對別人的幫助表示一下謝意，那麼彼此的關係就會因此而發生變化，彼此之間的距離也就縮短了，感情就有了呼應和共鳴。對方在興奮歡悅之餘也會給予更多的關照，更好的回報，這樣交際氣氛就會更加友好和諧。

小宋是一家電腦公司的程式設計師，一天，他在工作中遇到了一個難題，正在他愁眉不展時，一個同事主動過來幫助他。同事的一句提醒，使他

茅塞頓開，很快就完成了工作。小宋對同事表示了他的感謝，並請這位同事喝酒，他說：「我非常感謝你在編寫那個電腦程式上給我的幫助……」

　　從此，他們的關係變得更近了，小宋也因此在工作上獲得了很大的成績。

　　小宋很有感觸的說：「是一種感恩的心態改變了我的人生。我對周圍人的點滴關懷和幫助都懷抱強烈的感恩之情，我竭力要回報他們。結果，我不僅工作得更加愉快，獲得的幫助也更多，工作也更出色。我很快得到了公司加薪晉升的機會。」

　　「臺灣第一富婆」，王永慶之女王雪紅也是一個知道感恩的人，她信仰的基督教講究「感恩」，主張利他，但企業的本質是利己。有記者在2005年5月採訪她時，很好奇她如何處理這種矛盾。她說：「我自己在信仰方面跟企業經營是一致的。我的信仰教導我要很正直，我覺得這對經營一個企業是最重要的：怎麼正直的對待員工、對待廠商、對待社會；另外就是要很積極，勤勞者才有飯吃；再來就是回饋。」

　　中國傳統文化也是講究感恩的──「滴水之恩，當湧泉相報」、「孝悌也者，其為仁之本歟」（《論語》）。孝是對父母的敬愛，悌是對兄長的敬愛，這是「仁」的根本。孔子說的這種敬愛雖然範圍比較窄，但也是感恩的一種，可以延伸到朋友、同事。所以，老闆自己首先要修練一顆感恩的心。老闆有感恩之心，員工才有幸福感；員工有了幸福感，才會有歸屬感，繼而老闆也會感到幸福。

　　感恩是一種處世哲學，也是生活中的大智慧。一個智慧的人，不應該為自己沒有的東西斤斤計較，也不應該一味索取以使自己的私欲膨脹。學會感恩，為自己已有的而感恩，感謝生活給你的贈予，這樣你才會有一個積極的人生觀。

擁有一顆感恩的心，會使你對世間的諸多事情改變看法，讓你少一些怨天尤人和一味索取。滴水之恩，當湧泉相報。珍惜父母的養育之恩，親友之間的知遇之恩，同事之間共同工作的緣分等等，而不要等到失去了，才懂得珍惜。感恩，不僅是一種美德，更是一種心態。

有一次，小偷潛入美國前總統羅斯福家，偷走了很多東西。羅斯福的一位朋友聞訊後，連忙寫信來安慰他，勸他不必太在意。羅斯福寫了一封回信給朋友：「親愛的朋友，謝謝你來信安慰我，我現在很平安。感謝上帝：因為第一，賊偷去的是我的東西，而沒有傷害我的生命；第二，賊只偷去我部分東西，而不是全部；第三，最值得慶幸的是，做賊的是他，而不是我。」

對任何一個人來說，失竊絕對是不幸的事。可是羅斯福卻從中找出感恩的理由，他的優秀人格和處世哲學，不正是提醒我們要學會感恩嗎？

人的一生中，誰也不可能一帆風順，總會遇到這樣或那樣的挫折與失敗。如果我們不敢勇敢的面對，曠達的處理，而是一味的埋怨生活，只會使自己變得消沉、委靡不振。擁有一顆感恩的心，像羅斯福那樣換一個角度去看待人生的失意和不幸，你就會時刻保持健康的心態、完美的人格和進取的信念。

一位英國作家說：「生活就是一面鏡子，你笑，它也笑；你哭，它也哭。」你感恩生活，生活將賜予你燦爛的陽光；你不感恩，只知埋怨，就只會終日無所成，淪落成憤世嫉俗！

感恩並不是要你給自己心理安慰，它也不是對現實的逃避。感恩，是一種歌唱生活的方式，它來自對生活的愛與希望。

懷有一顆感恩的心，能幫助你在逆境中尋求希望，在悲觀中尋求快樂。

如果你想要快樂，就表達一下你對別人或生活的感恩吧！這裡有幾個合適和奏效的方法。當然感恩是要發自內心的，所以這些方法只是個提示而已。

(一)準備一份小小的禮物

其實這個禮物並非要多麼昂貴，只要能足夠表達你的感恩之心就可以了。

(二)一個意外的驚喜

很多時候，一個小小的驚喜會讓事情變得不一樣。比方說，當女兒打開便當時，發現你特別做的小甜點；當妻子工作回到家時，你已經準備好了美味的晚餐；當母親去工作時，發現自己的車子已經被你清洗得乾淨又漂亮。

(三)公開的感謝別人

事實證明，在一個公開的場合表達你對別人的感謝，比私下說的效果更為顯著。比方說在辦公室裡、在與朋友和家人交談時、在部落格上、在當地新聞報紙上等。

(四)不求回報的小小善意

行動強於話語，說一百句「謝謝」還不如做一點小小善事來回報別人。留心一下他人，看看他喜歡什麼，或者需要什麼，然後幫他們做點什麼，就算是幫人倒杯咖啡或是遞一下茶水，都能大大溫暖別人心窩。

(五)給一個小小的擁抱

給你深愛的人，或者與你共處很長時間的朋友或同事一個深情的擁抱，這小小的擁抱是表達感恩的最好禮物。

(六)列一份你感謝別人的理由

列這樣一份清單，大概十至五十幾條，表達你對他的感受，為什麼喜歡他，或者他幫助了你哪些地方，而你因此深懷感激。然後將這份清單交給他。

（七）一封表達謝意的卡片

如果別人向你寄來一封表達謝意的卡片，你一定會很開心吧！當你表達謝意時，並不需要正式的感謝信（雖然那更棒了），一張小小的卡片（或電子郵件）就可以了，禮輕情意重。

（八）對不幸也心懷感激

就像羅斯福總統家中被竊盜後，他給朋友的回信一樣。即使生活誤解了你，使你遭遇挫折和打擊，你也要懷有感恩。你不是去感恩這些傷心的遭遇（雖然這也使你成長），而是去感恩那些一直在你身邊的親人。

一個懂得感恩並知恩圖報的老闆，才是天底下最富有的人。當你有了感恩之情，生命就會得到滋潤，並時時閃爍著純淨的光芒。永懷感恩之心，常表感激之情，原諒那些傷害過自己的人，你的人生才會真正的充實而快樂。

當我們有了顆感恩的心的時候，幸福就悄悄的降臨了。

因為員工心思太複雜，所以需要管理心理學：

反彈效應 × 商業炒作 × 善待對手，想在商場叱吒風雲，身為經理人的你不可不知！

作　　著：周成功，黃家銘

發 行 人：黃振庭

出 版 者：崧燁文化事業有限公司

發 行 者：崧燁文化事業有限公司

E-mail：sonbookservice@gmail.com

粉 絲 頁：https://www.facebook.com/
　　　　　sonbookss/

網　　址：https://sonbook.net/

地　　址：台北市中正區重慶南路一段六十一號八
　　　　　樓 815 室

Rm. 815, 8F., No.61, Sec. 1, Chongqing S. Rd.,
Zhongzheng Dist., Taipei City 100, Taiwan

電　　話：(02)2370-3310

傳　　真：(02) 2388-1990

印　　刷：京峯彩色印刷有限公司（京峰數位）

律師顧問：廣華律師事務所 張珮琦律師

國家圖書館出版品預行編目資料

因為員工心思太複雜，所以需要
管理心理學：反彈效應 × 商業炒
作 × 善待對手，想在商場叱吒風
雲，身為經理人的你不可不知！ /
周成功，黃家銘著 . -- 第一版 . --
臺北市：崧燁文化事業有限公司，
2022.07
　　面；　公分
POD 版
ISBN 978-626-332-543-2(平裝)
1.CST: 管理心理學
494.014　111010447

定　　價：320 元

發行日期：2022 年 07 月第一版

◎本書以 POD 印製

電子書購買

臉書